湖泊溪河的动物

撰文/邱秀婷　　审订/吕光洋

中国盲文出版社

怎样使用《新视野学习百科》?

请带着好奇、快乐的心情，
展开一趟丰富、有趣的学习旅程！

1 开始正式进入本书之前，请先戴上神奇的思考帽，从书名想一想，这本书可能会说些什么呢?

2 神奇的思考帽一共有 6 顶，每次戴上一顶，并根据帽子下的指示来动动脑。

3 接下来，进入目录，浏览一下，看看这本书的结构是什么，可以帮助你建立整体的概念。

4 现在，开始正式进行这本书的探索啰！本书共 14 个单元，循序渐进，系统地说明本书主要知识。

5 英语关键词：选取在日常生活中实用的相关英语单词，让你随时可以秀一下，也可以帮助上网找资料。

6 新视野学习单：各式各样的题目设计，帮助加深学习效果。

7 我想知道……：这本书也可以倒过来读呢！你可以从最后这个单元的各种问题，来学习本书的各种知识，让阅读和学习更有变化！

神奇的思考帽

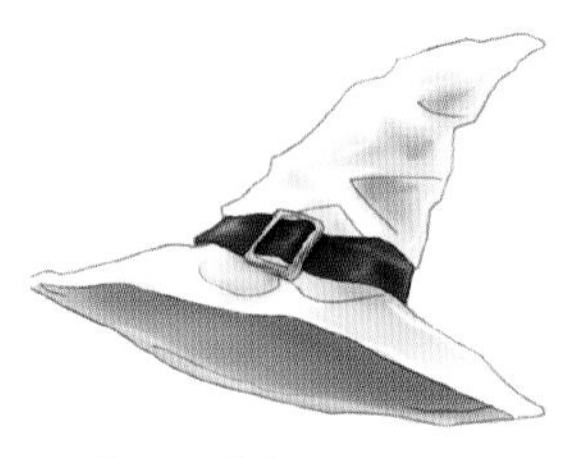
客观地想一想

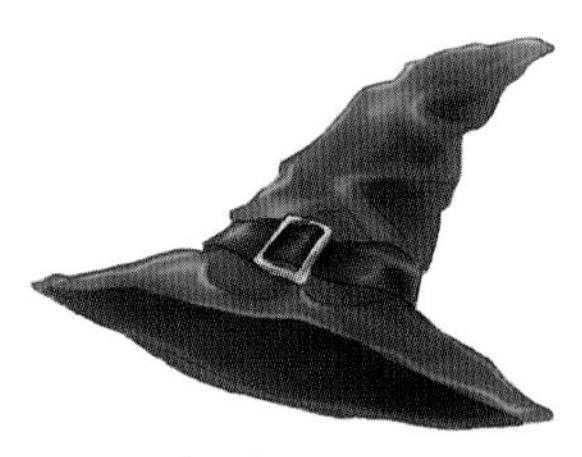
用直觉想一想

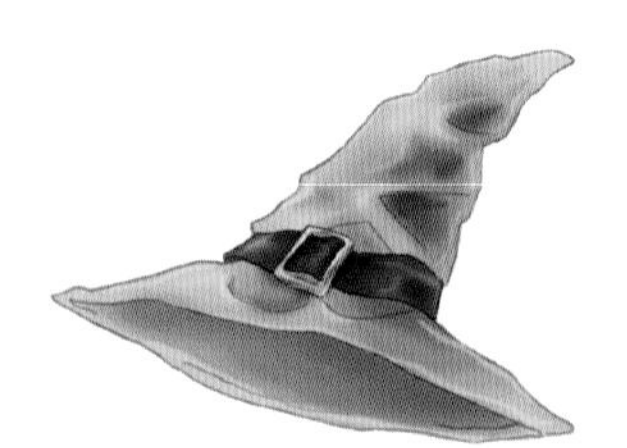
想一想优点

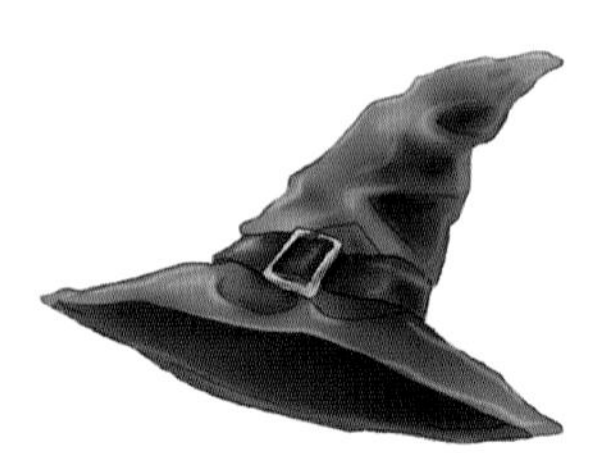
想一想缺点

想得越有创意越好

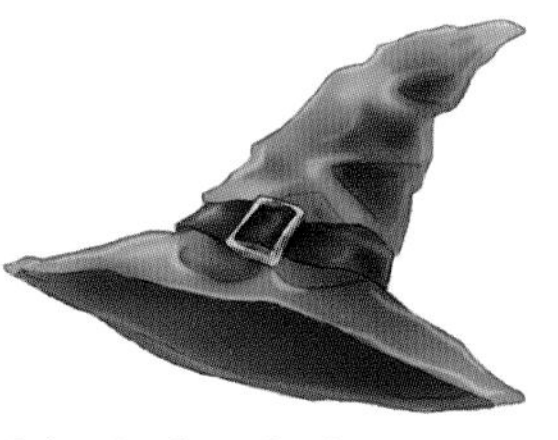
综合起来想一想

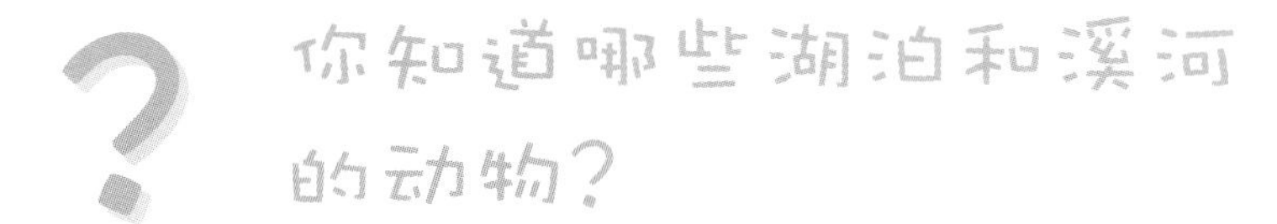

你知道哪些湖泊和溪河的动物？

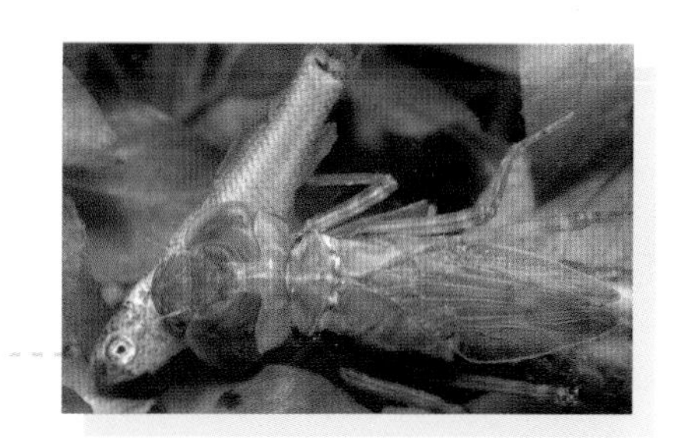

你最喜欢哪个地方的淡水生态？

淡水动物有哪些适应环境的方法？

生活在湖泊和溪河中，需要面对哪些问题？

如果可以选择，你想拥有哪种淡水动物的本领？

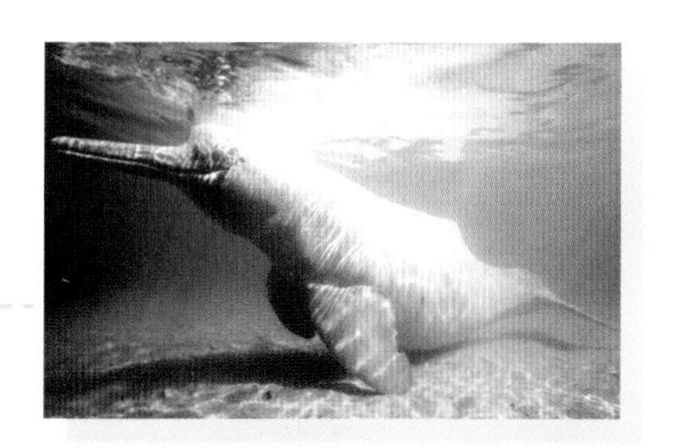

造成湖泊和溪河生态改变的原因有哪些？

目录

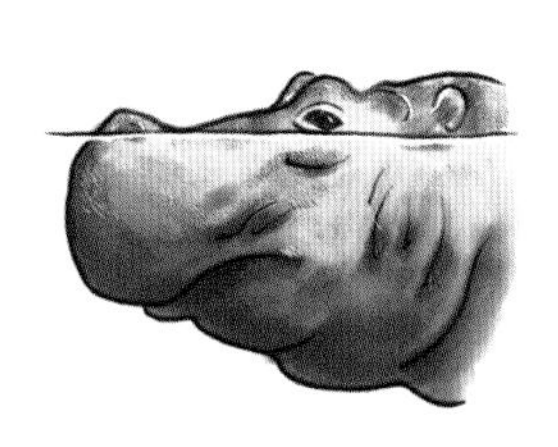
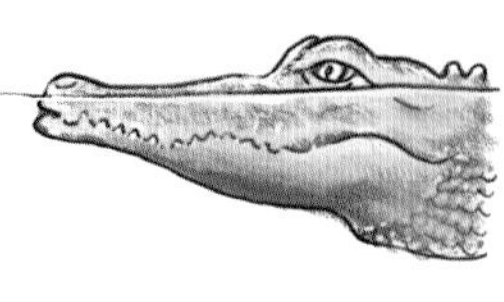
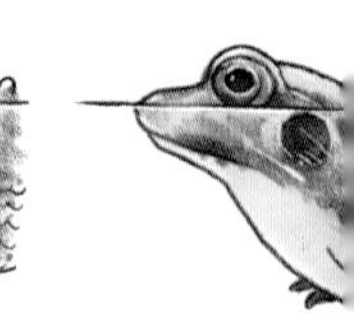

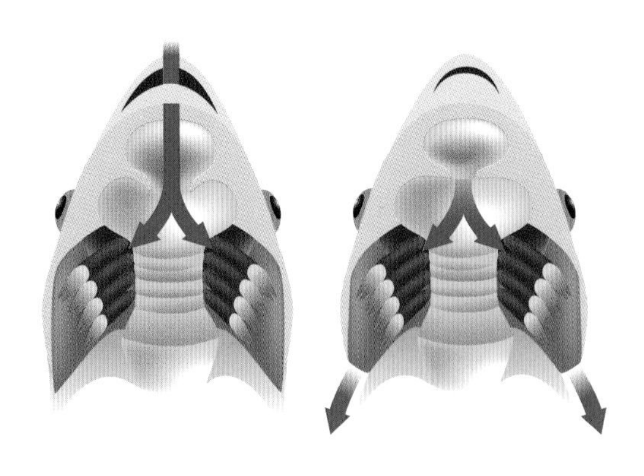

CONTENTS

■专栏

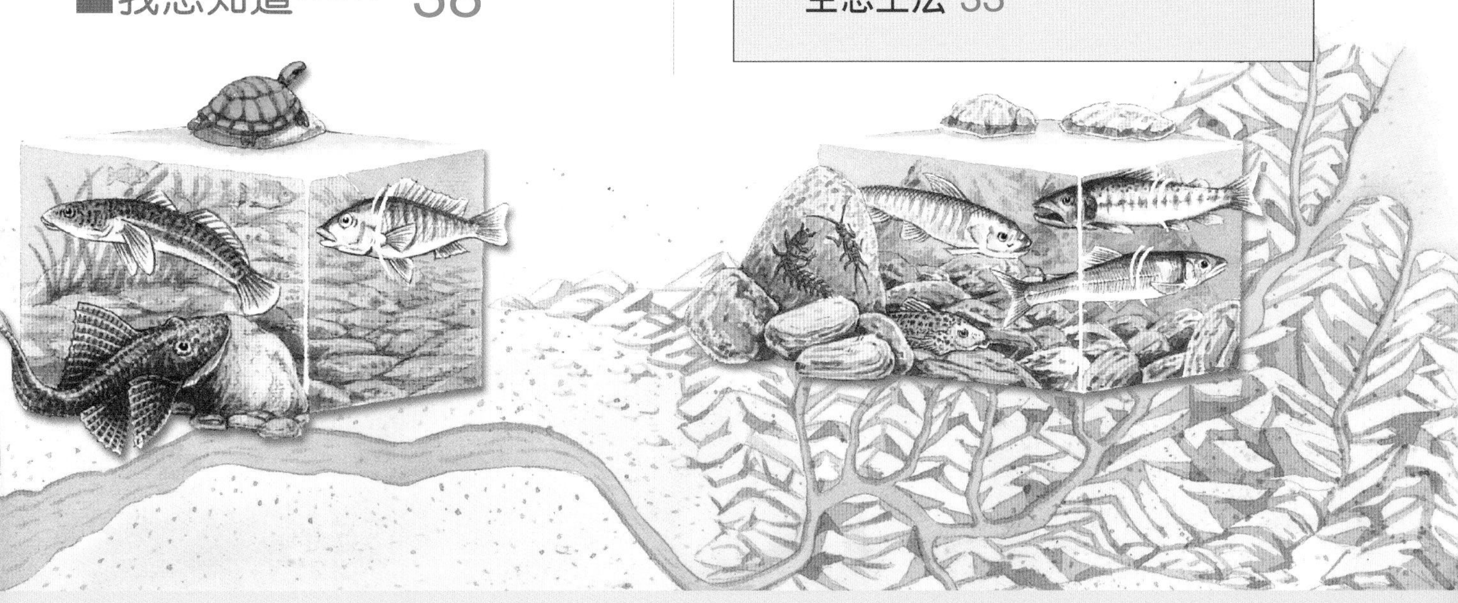

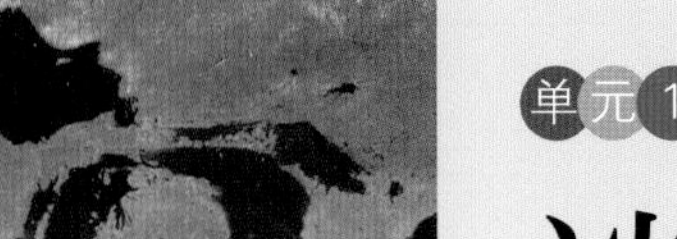

单元1

淡水的生态系统

（美国五大湖，图片提供/NASA）

水是生命的来源，地表有3/4被水覆盖，但是淡水只占了其中的2.5%，这些淡水环境包括静水的湖泊及流动的溪河。根据阳光多寡、养分丰富度，以及地形的变化，有各种不同的栖息地，形成多样化的生态系统。

水蚕捕食小鱼。水生昆虫是淡水生态系统中重要的消费者，其中肉食性昆虫有水蚕、红娘华、水黾等。（图片提供/达志影像）

静水的湖泊

地形低洼的地方若有水积聚，而且不和海洋有直接的联系，这样的水体就可称为湖泊。湖泊的面积差异非常大，美国五大湖中的苏必利尔湖是世界上最大的淡水湖；湖的水深也因此而异。

由于小型湖泊的水源不稳定，经常面临干旱的危机，居住在这里的生物必须有耐旱的本领。在这里，阳光可直射到底部，固着在底泥的水草是主要的生产者，水草间栖息着许多草食性鱼类、虾、蝌蚪等初级消费者。水蚕、肉食性鱼类扮演次级消费者的角色。水蚕攀附在水草上，等待机会捕捉蝌蚪；四处巡弋的大鱼以小鱼、小虾为食。至于最高级的消费者就是以鱼类为食的水獭、鸟类。

湖泊中的能量金字塔。下层的水草与藻类是生产者，之后能量随着消费者的层级向上而递减。（插画/施佳芬）

大型湖泊有一部分阳光无法穿透，底部终年黑暗，只有湖畔才有水草生长，主要生产者是漂浮在透光区的浮游藻类。生活于透光区的鱼类以滤食或肉食为主，湖泊底层的生物则以上层掉落的碎屑为食。

流动的溪河

大部分的溪河起源于海拔较高的山区，上游温度低、养分少、水流急，水生植物无法生长，生产者主要来自两岸掉落的叶子。叶子分解为小碎片后，成为许多微生物及初级消费者的食物。河流离开山区，来到了平原，河水的流速减缓，淤积的泥沙可供动物栖息，藻类、水草滋生，肥美的溪鱼是钓客的最爱。下游地区水流平缓，泥沙堆积成沙洲，提供了许多动物的栖息地，但河水常汇集了邻近土地的污水，只有适应力强的动物才能够生存。

水中有许多肉眼看不见的藻类和浮游动物，藻类是水域中主要的生产者，浮游动物则以藻类为食。（图片提供/达志影像）

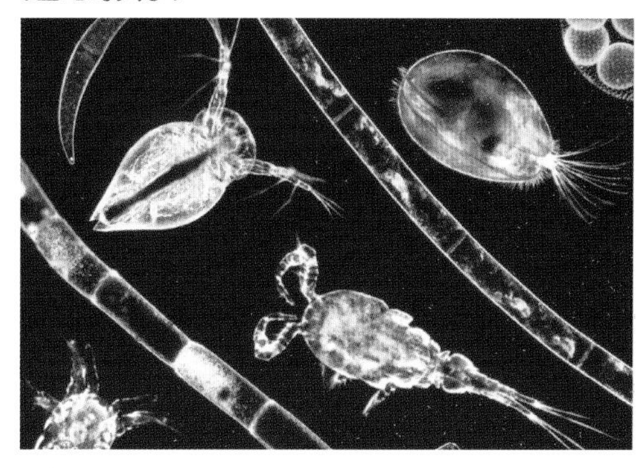

河水到出海口附近，环境受涨退潮的影响，盐度变化大，芦苇、红树林植物生长茂盛，枯枝落叶提供鱼虾蟹苗食物，是水域生物繁殖的温床，也吸引了大批鸟类来此觅食。

流量最大的河流——亚马孙河

地球上的淡水主要来源是由天而降的雨水，因此全世界雨量最大的热带雨林地区，也是淡水最多的地方，其中又以中南美洲的亚马孙河水量最大，据估计，亚马孙河和它的1,100支支流，整个水系的河水占全世界淡水量的2/3。在这么大的水体中，孕育着许多动物，已知亚马孙的鱼种就超过1,500种，是北美洲所有淡水鱼种的2倍多，还有海牛、江豚等大型哺乳动物生活在河中。

亚马孙河的出海口最广处有330千米宽，大量的淡水注入海中，使周围150千米的海水盐度降低。（图片提供/NASA）

在溪河生态系统中主要的能量来源是两岸落入水中的植物，但多样的栖息地也构成了复杂的食物网。（图片提供/维基百科，制作/陈淑敏）

水中动物的呼吸

（龙虱尾部的气泡，图片提供/达志影像）

30多亿年前，原始生命首先出现在水中，水生动物能吸收溶于水中的氧气；直到4亿年前，才开始进化出以肺或气管呼吸的陆生动物。当陆生动物要回到水中生活，必须解决呼吸的问题。

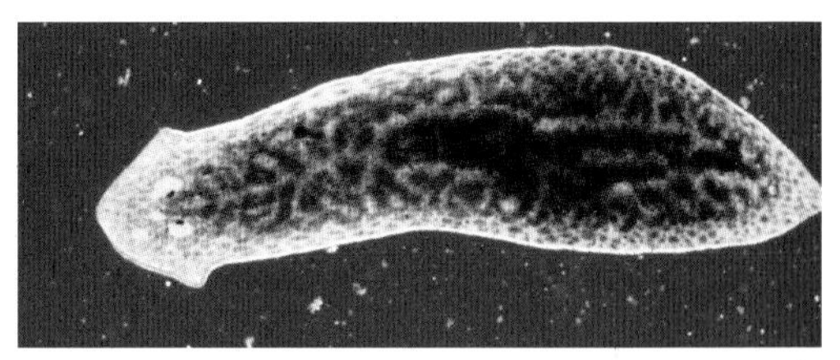

涡虫属于扁形动物，体长约1厘米，身体侧扁，可以直接由皮肤与外界交换空气。（图片提供/达志影像）

由水中获得氧气

空气中的氧气有部分直接溶解在水中，水中的小型动物，可直接经由体表获得溶于水中的氧气，如涡虫、草履虫等；构造较复杂的动物因体内细胞无法与外界接触，就需要特殊的构造，以获得呼吸所需的氧气。

大多数的水生动物和鱼类一样以“鳃”呼吸。有些将鳃藏起来，从外表看不见；有些则有明显的外鳃。鱼类的鳃位于鳃盖下方，呼吸时用嘴不断将水吞入，水经过鳃，再由鳃盖流出，这时鳃就与水进行了气体交换。两栖类的幼体——蝌蚪的鳃藏在皮肤下，只留几个出入水孔呼吸。虾子的鳃位于头胸部附肢的基部；螃蟹的鳃则在壳内，当我们打开它的胸甲，就能看到条状的鳃。另外，许多水生昆虫也是

斑点蝾螈的幼体（下，图片提供/达志影像）和蝌蚪一样生活在水中，头部有明显的外鳃，吸收水中的溶氧。当变态为成体后（左，图片提供/维基百科），生活在陆地，以肺和皮肤呼吸，外鳃也就消失了。

用鳃呼吸。有些昆虫的外鳃位于腹部或尾部，例如豆娘、蜉蝣、石蝇的幼虫；而水虿（蜻蜓幼虫）的鳃位于直肠里，非常特别。

会淹死的鱼

肺鱼的起源早在4亿年前的泥盆纪，它不仅有鳃，还有由鳔特化成的肺，可以呼吸空气。呼吸时，空气由食道进入肺，由于肺部有许多微血管，可以进行气体交换。当池塘干涸时，肺鱼会躲在泥茧里休眠，并以肺呼吸，即使离水数年也不会死。

淤泥中的泥鳅则是利用肠呼吸。泥鳅经常会探出水面，吞咽空气，肠黏膜上密布的微血管可以进行气体交换，最后空气再由肛门排出。这些鱼长期依赖肺或肠呼吸，远超过以鳃呼吸，因此如果把它们拦阻在水中，无法吞入空气，就可能因缺氧而死。

这种鲶鱼因鳃腔内有树枝状的辅助呼吸器官，能呼吸空气，干旱时便可“走”到另一个水域。（图片提供/达志影像）

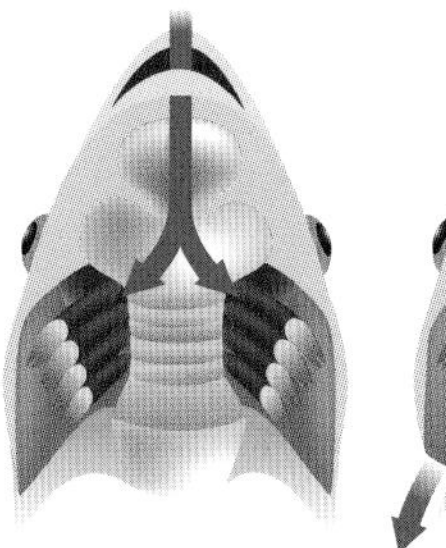

1.张开嘴、关闭鳃盖，含氧的水由嘴流入。

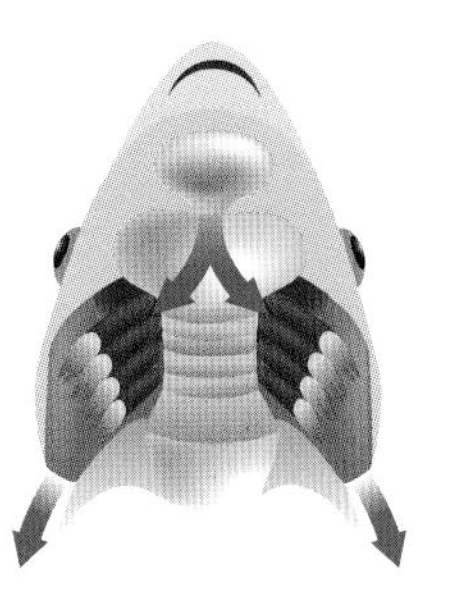

2.闭上嘴、打开鳃盖，含二氧化碳的水流出。

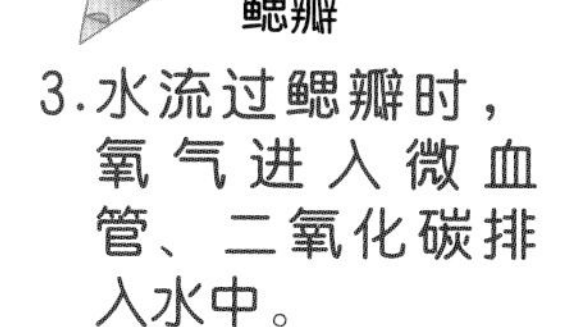

3.水流过鳃瓣时，氧气进入微血管、二氧化碳排入水中。

鱼类的鳃藏在鳃盖后，以主动吞水进行空气交换。（插画/施佳芬）

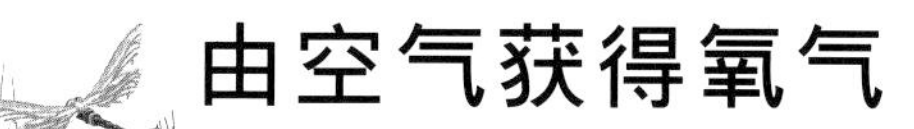

由空气获得氧气

呼吸空气的水生动物需有特别的构造，红娘华、水螳螂、孑孓等生活于浅水的昆虫，将尾部长长的呼吸管伸出水面，获得氧气。孑孓多浮在水体上层，如果被惊扰了就沉入水中，呼吸管开口的毛会自动封闭，防止水进入。

水中的仰泳高手——松藻虫等昆虫，会将气泡藏在翅下；龙虱则将气泡挂在身体后方，好像随身的氧气筒。由于潜水时，会消耗气泡中的氧气，而产生的二氧化碳则直接溶于水，因此气泡愈来愈小，经过一定的时间，它们便要到水面换气。

水生的爬行类（如乌龟、水蛇）及哺乳类（如海牛、河马）是用肺呼吸，必须憋气才能在水中活动，一段时间后仍要到水面换气。

生活在水中的孑孓，是蚊子的幼虫，其尾部的呼吸管露出水面，可以直接呼吸水上的空气。（图片提供/维基百科）

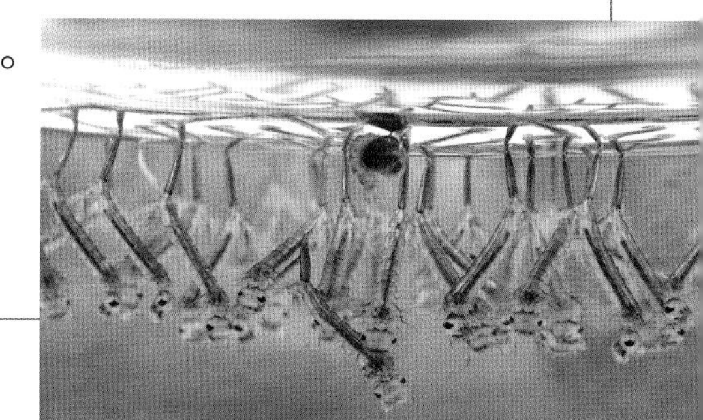

湖泊的上层

（湖上的浮水植物，摄影/巫红霏）

在静水域的湖泊、池塘上层，因为阳光充足，水中生长着许多浮游藻类，加上与空气接触、氧气充足，因此在这里生活的动物种类最多，还有许多动物来此繁衍下一代。

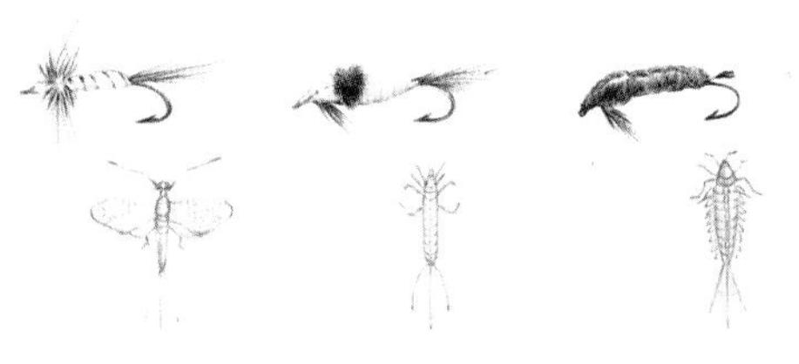

湖中的鳟鱼具有肉食性鱼类的大眼和嘴，会跳出水面捕食水上的昆虫。其中蜉蝣是它们喜欢的猎物，因此许多钓鱼的鱼钩都模仿蜉蝣的外形。（插画/张文采）

丰富的食物

湖泊上层的水体与空气接触，阳光充足，浮游藻类众多。许多鱼类在这里生活，有的以浮游生物为生，有些则以小鱼或水面昆虫为食。

滤食性鱼类的嘴通常很大，能大量吞食含浮游生物的湖水，当水流过鳃时，便将浮游生物拦下。肉食性鱼类有较大的眼睛、锐利的牙齿，可瞄准猎物，一口吞下。以水面昆虫为生的鱼类，下颌较长，嘴朝上开口，可吞下落水昆虫。

一般的鱼类，通常背部的颜色深，从上面往下看与湖底的颜色混在一起，不易被鸟类发现；腹部则呈银白色，看起来像阳光穿透水面的闪光，不易被下方的猎物或掠食者察觉。

除了鱼类，湖泊上层还有水黾、鼓甲虫、龙虱、红娘华等以落水昆虫、蝌蚪、小鱼为食的昆虫。因进食方法不同，它们的口器也不一样，龙虱、鼓甲虫以强有力的颚咀嚼猎物；水黾、红娘华等则利用细针状口器，吸食猎物的体液。

水黾利用表面张力站在水面上，脚可以感测昆虫落水时产生的波动，再移向猎物的方向。（图片提供/维基百科，摄影/Markus Gayda）

由于湖泊是不流动的水体，只有直接和空气接触的上层含氧量较高，需氧量高的鱼类多聚集在上层。这里的鱼类体色多半是背黑腹白。（图片提供/达志影像）

在交配后，雄豆娘与雌豆娘一起到静水域的植物上产卵，幼虫和蜻蜓的幼虫一样，也称为水虿。（图片提供/达志影像）

下一代的出生地

两栖类的成体虽大多生活在陆地，但由于卵的表面为胶状物质，无法防止水分散失，因此必须在水中产卵，加上幼体大多在水中成长，因此水边是它们最好的繁殖地。繁殖季时，雄蛙来到水边，发出独特的叫声，吸引雌蛙接近，再一起到水中产卵。

此外，幼虫期在水中度过的水生昆虫也在水面产卵，例如蚊子、蜻蜓、豆娘等。豆娘停栖在水面的枯枝、石头上，将卵附着在这些物体。蜻蜓则以腹部点水的方式产卵，有的会连续点水，一次产10—20颗卵；有的会先将上百颗卵堆积在尾端，再一次点进水中。

动手做浮游生物网

湖面上常有各种小动物，想看却看不清楚。不妨自己做一个浮游生物网，把它们“一网打尽”，看个仔细。其实水里还有更多肉眼看不见的动物，你可以连湖水一起带回家，用显微镜观察！

材料：竹竿、粗铁丝、旧运动裤、透明塑胶盒

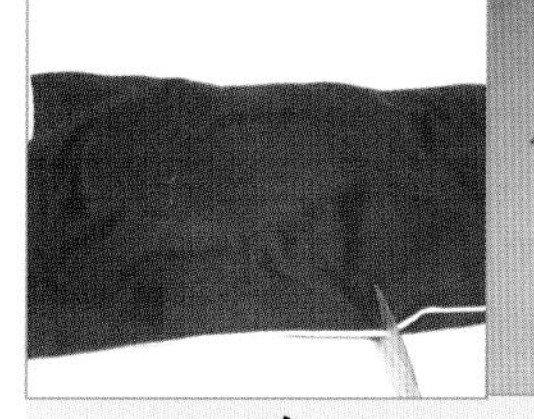

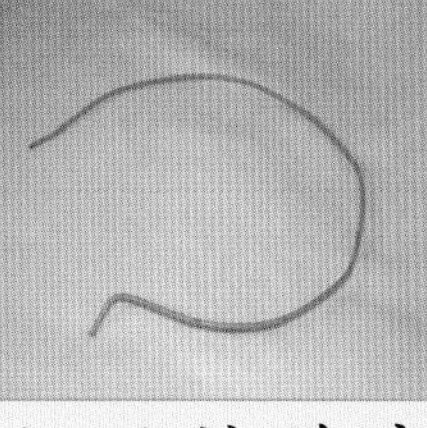

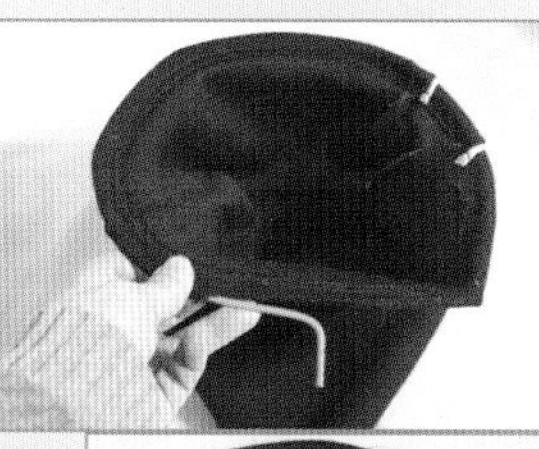

1.用剪刀把运动裤的底部剪下约20厘米。将铁丝弯成圈，一头先用老虎钳弯成L形。

2.在裤脚剪一个小洞，让铁丝绕过整个裤脚。穿出来的铁丝弯成L形，用细铁丝将网子固定在竹竿上。

3.用铁丝将透明塑胶盒固定在网子底部。

4.仔细调整塑胶盒的位置，浮游生物网就完成了。

（制作/巫红霏）

(针颔鱼，摄影/巫红霏)

湖泊的中层

一般的湖泊中层，由于没有底泥供水草生长，也没有充足的阳光让浮游藻类大量繁殖，通常在这里的生物种类较少，原生生物、浮游动物、滤食性或肉食性动物，组成了弱肉强食的世界。

滤食性生物

在湖泊的中层，水中有可在弱光下生长的藻类，是许多浮游动物及鱼儿的食物来源。

一些浮游动物没有独立游泳的能力，只能随湖水浮沉，是湖泊中层最主要的生物。部分原生生物靠纤毛摆动前进，同时形成水流将水中的有机碎屑、藻类等送入口中。剑水蚤等小型的甲壳动物在水中浮游，它们利用触角击水，跳跃前进；头部的附肢上具有羽状的刚毛，可以不断滤出水中的藻类和更小的浮游动物，送入口中食用。

浮游动物是一群游泳能力弱的小动物，在湖中最常见的是属于甲壳类的水蚤。（图片提供/达志影像）

大部分浮游动物在春夏季环境适宜时，可以快速地进行无性繁殖；当环境恶劣时，才进行有性生殖，利用休眠将卵沉在水底度过冬天或干涸期。许多鱼类的幼鱼以浮游动物为生，它们的鳃有着如梳子般又密又长的鳃耙，可以将随水流经过鳃部的浮游动物及藻类滤出。

上层有各种肉食性的水生昆虫和鱼类，也吸引鸟类前来捕食。

湖泊的水体由上到下，生活的动物有所不同，不过许多活动力好的鱼类，并不会在固定的水层中活动。（插画/张启璀）

中层有许多随着水体垂直移动的浮游动物，是滤食性鱼类的食物。

下层主要为底栖的鱼、虾、贝类，还有少数的蠕虫。

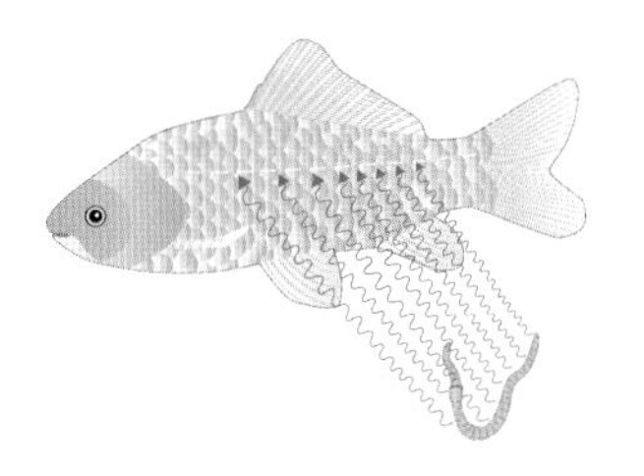
侧线是鱼类的感觉器官，其中的感觉细胞可以侦测水中的压力变化。（插画/施佳芬）

梭吻鲈的幼鱼张开鳃盖，它的鳃具有鳃耙，可以滤食水中的浮游动物。（图片提供/达志影像）

肉食性鱼类

湖泊中层的鱼类大多是以小型甲壳动物、小鱼、浮游动物为食的肉食性鱼类，它们有较好的游泳能力，在水中四处寻找猎物。为了能够及早发现猎物，肉食性鱼类通常具备敏锐的视觉与灵敏的嗅觉，此外还进化出一些适合掠食的构造。它们大多身体修长，以降低水的阻力；较大的背鳍与臀鳍可帮助平衡身体、维持直立；尾鳍多呈新月形或双边形，而且基部细而有力，能快速游泳追捕猎物。

肉食性鱼类的嘴比草食性鱼类的大，位于身体最前端，嘴内长满又尖又利的牙齿，有些鱼的牙齿还有钩状缺刻，以便抓牢口中的猎物。鱼类的牙齿没有咀嚼功能，只靠肠子消化食物，由于肉类食物好消化，肉食性鱼类的肠较草食性鱼类的短。

最早的观赏鱼

金鱼是记载最早的观赏鱼，它们原本是生活在我国湖泊、河川中的鲫鱼，宋朝初年就有人发现野生的红色鲫鱼，并将它移入鱼池饲养繁殖，在近800年的育种培育下，逐渐演变为现代品种繁多的家族。因为早期的金鱼多为金色或红色，鳞片比原来的鱼要亮，所以称为金鱼。

金鱼的品系包括外观像鲫鱼的“草种金鱼”，又称金鲫种；身体较短、背鳍和尾鳍分叉的“文种金鱼”；外形与文种相似，但眼球凸出于眼眶外的“龙种金鱼”；身体圆胖、无背鳍、眼球不凸出的“蛋种金鱼”；以及外形像蛋种，但眼球突出的“龙背种金鱼”。

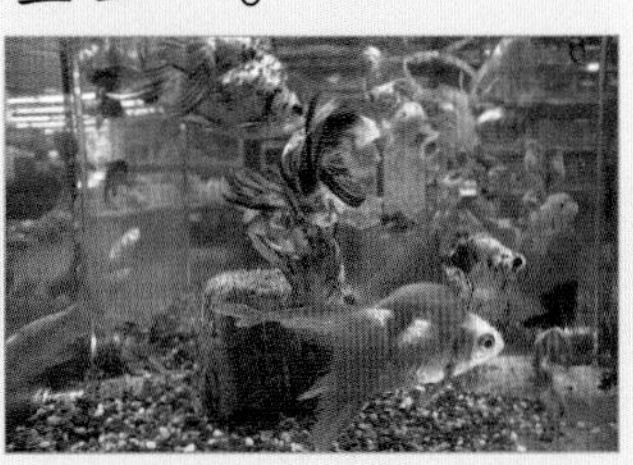
各种不同外形和颜色的金鱼，都是由红色的野生鲫鱼培育而成。（图片提供/维基百科）

狗鱼又称淡水鲨鱼，分布在欧洲，是凶猛的肉食鱼类，口裂很大，有锋利的牙齿，能牢牢咬住猎物。（图片提供/达志影像）

单元5

湖泊底层的动物

（池塘底层的水草，摄影/巫红霏）

在没有阳光的大型湖泊底层，只生长着耐低温的底栖无脊椎动物和鱼类；但在阳光可照入底部的池塘里，却是水草繁茂、动物种类丰富的世界。

由于光线无法穿透，大型湖泊底层通常非常阴暗，生活在这里的鱼类必须能适应低温和低溶氧的环境。（图片提供/达志影像）

深水的湖底世界

大型湖泊的底层温度低、缺乏阳光，植物无法生长，生活在这里的动物多半以上层落下的有机碎屑为食。

为了获得食物、适应生长环境，鱼类发展出不同形态的嘴。生活在湖泊底层，由于环境幽暗，肉食性的鲤鱼和鲶鱼靠嘴角的触须寻找食物，它们的嘴或咽骨强而有力，可以咬碎贝类等软体动物的外壳；沙鳅是天然的抽沙机，能够直接吸取细沙再由鳃喷出来，滤出的食物就留在口中。

鲶鱼是常见的底栖淡水鱼，视力不好，嘴的四周有须，可以伸入底泥中侦测食物。（图片提供/维基百科）

每种底栖甲壳动物的食物来源不同，其中虾蟹类以落到底层的动物尸体和植物碎片为食，以螯足捕捉和撕裂食物，再用片状的口器咬碎食物，是水底重要的清除者。

热闹的池塘底部

阳光可以直射到小池塘底部，沉水性的植物从底泥向上生长，提供丰富的食物和栖息地，吸引许多鱼类、蝌蚪、软体动物、甲壳动物在这里栖息。

池塘的底部有许多植食性鱼类，其中以水草为食的鱼类，牙齿有刻纹，方便撕裂水草；藻食性鱼类的口位于下方，上下颔有如吸盘吸附在岩石上，再以细小的牙齿刮食着生的藻类。

沼虾是食性广的甲壳动物，会吃水底的动物尸体和植物碎屑，是湖底的清除者。（图片提供/廖泰基工作室）

软体动物包括躲藏在水草间的螺类，以及栖息于淤泥中的蚌类。螺类的齿舌有角质突起，可以像舔冰淇淋一样，将水草的叶肉组织刮下食用；蚌类则利用伸出壳外的水管及壳内的羽鳃滤出有机碎屑。

池塘底部还有为数众多的颤蚓及其他小蠕虫，以沉淀物、藻类或腐殖质为食，也是水中重要的清除者；底泥中，还有许多肉眼无法看到的细菌担任分解者，把细小的有机碎屑分解为简单的小分子。

动手调查池塘

你想了解学校附近池塘的生态吗？找个时间请爸妈带你一起去调查吧！戴着宽檐帽，穿上长衣、长裤、运动鞋，背上防水背包，装入地图、照相机、放大镜、采集瓶、长柄勺子、白布、笔记本等，另外别忘了水桶、捞网、塑胶手套、镊子等。

到了池塘边，先绕池塘走一圈，看看池塘的水从哪里来？池塘边有没有树林遮蔽？岸边的草丛里是否有动物躲藏？泥滩上有没有动物脚印？接下来调查池塘本身，将长竹竿插入池塘，测量池塘水的深度；再将白布水平放入池中直到消失，越快消失表示池塘水越混浊；以长柄勺子刮取池底的泥土，观察里面有哪些生物？用长柄捞网在水草附近捞捞看，有什么动物躲在里面；最后还可以用浮游生物网捞取水面的水，装入采集瓶，再带回去用显微镜观察。

用鱼网在水池中捞捞看，水草下和池底各有哪些动物？（图片提供/达志影像）

贻贝聚集生长，以过滤水中的有机物碎屑为食，也是肉食性鱼类的食物。（图片提供/达志影像）

单元6

湖畔的动物

（湖畔的草本植物）

湖边长满了浓密的香蒲、芦苇，动物只要躲在里面，掠食者就难以发现它的踪迹，是筑巢的好地方。湖里还有许多水草、鱼类，吸引水獭、鹭鸶、秧鸡、雁鸭等来此觅食。

草泽里的繁殖场

湖泊的边缘是水与陆交界的湿地，香蒲、芦苇等喜欢潮湿的草本植物聚集生长，是许多鸟类、小型哺乳动物的栖息地，这里更是它们繁殖育幼的场所。

红冠水鸡是湖畔常见的涉禽，脚爪长，有利于在柔软的湿地上行走，它常躲在浓密的草丛中，以枯枝编织成鸟窝，在湖畔养育后代。水雉则是直接在远离岸边的浮叶植物上产卵，让掠食者难以接近。这些在湖畔或水面筑巢的鸟类，幼鸟一出生就有羽毛，可以跟在亲鸟身边自行觅食，属于“早熟型”鸟类，而且羽色与环境相似，当幼鸟静伏不动时，天敌很难发现它们的身影。

鸊鷉几乎一生都在水中度过，喜欢在池塘边浓密的禾草之间筑巢，生下的蛋由亲鸟共同孵育。

澳洲的鸭嘴兽在水边繁殖，它在地底挖出数米长的巢穴，开口位于水面下，以免被掠食者发现。（插画/张文采）

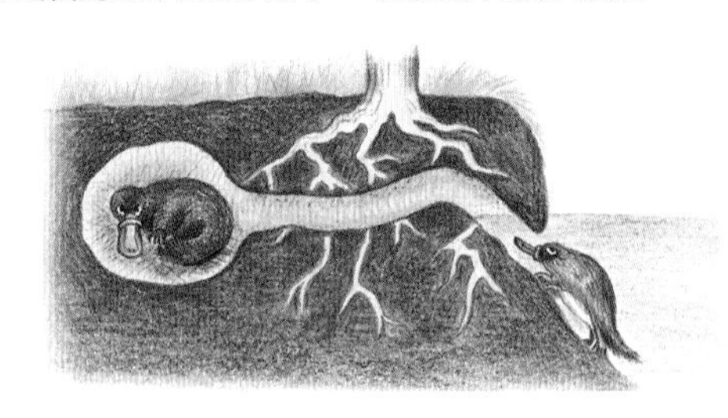

在水边繁殖的水鸟大多趾间有蹼，可浮在水面上游泳，以躲避陆生动物的侵袭。鸊鷉除了游泳，还能够潜到水底，一旦遇到危险，便逃往水中，在水里还可以像潜水艇一样移动，过一阵子才从另一个地方探出水面。

至于鸭嘴兽、水鼩等哺乳动物，在湖边的泥土中筑巢，洞口开在水面下，可以隐秘地哺育小宝宝。

觅食天堂

湖畔的挺水植物间，藏着许多鱼类、昆虫和甲壳动物，吸引鸟类来此觅食，其中以鹭鸶及随季节迁徙的雁鸭类最多。鹭鸶伫立岸边，窥视水中小鱼游近，伺机发动；苍鹭在日光较强时，会张开双翼形成阴影，吸引鱼类聚集，好大快朵颐。

从雁鸭的觅食行为就能推测它们的食物。天鹅、鸿雁等大型雁鸭主要以植物为食，觅食时只将头、颈伸入水中，啄取浅水中的草茎；杂食性的小水鸭、琵琶鸭等，则在岸边觅食，用细小的喙啄食种子、昆虫等；铃鸭等潜水鸭类，脚位于身体后方，适合潜水捕捉鱼或底栖贝类。

水中的鱼、贝类，吸引着水獭、食蟹獴等哺乳动物，水獭能潜到水中采集贝类，食蟹獴则只能在岸边捕食甲壳类和鱼类。

沙秋鸭等水鸟有潜水的能力，脚上的蹼可以拍水前进，因此能在水中敏捷地追捕鱼类。（图片提供/达志影像）

爸爸育儿经

水雉、彩鹬和少数秧鸡最大的特色就是“一妻多夫”的现象。水雉在繁殖季来临前，雌鸟会相互竞争繁殖场所，占领大块水域的雌鸟，就能与领域内的雄鸟交配，并生一窝蛋交由雄鸟照顾，然后再去找领域内的下一只雄鸟。雌鸟生下蛋后，并不负责孵化和育雏，雏鸟的安全与成长完全只靠雄鸟。

为了求偶繁殖，许多鸟类的雄性羽色较鲜艳，而雌鸟黯淡的羽色有助于育雏。但是这些一妻多夫制的鸟类，反而是雌鸟的羽色比雄鸟来得漂亮。

水雉常在菱角田繁殖，可在菱角叶上行走，因此又被称为“凌波仙子”，是少见的一妻多夫制的鸟类。

浣熊可利用前掌的触觉来捕捉浑浊水中的鱼、虾、蛙类等。它常将食物放入水中，以前掌确认食物的新鲜度。（图片提供/达志影像）

（蜻蜓，摄影/巫红霏）

单元7

湖泊的日与夜

人类习惯白天的环境，会有“白天最适宜动物活动”的误解，其实不论日夜，湖泊的水域和水边都有许多动物活动。

白天的湖泊

白天时太阳照耀水面，上层湖水的阳光充足，水蚤等小型甲壳动物浮到水面，摄食浮游藻类，连带的许多鱼类也游到水面上觅食。

明亮的环境让动物容易找到猎物，却同时容易被猎物或掠食者发现，因此，必须有良好的视力与保护色。蜻蜓有大大的复眼，让它迅速锁定猎物；鸟类及水中的掠食性鱼类，都有锐利的双眼，能够迅速发现猎物。鱼狗除了有绝佳的视力，橙色的腹部也是很好的保护色，当它停栖在水边的枝干上时，鱼向上看会误以为是枯叶而疏于防备；鱼类的背部黑、腹部白，这也是一种保护色，当掠食者从水面往下看时，黝黑的背面与深色的湖底混在一起，若在水草阴影中，就更不容易被发现了。

鱼狗橙色的腹部是它的保护色，白天停在水边，以锐利的视觉寻找水中的鱼类。

白天水面常有空中落下的昆虫，上层水体中浮游动物也较多，因此许多鱼类也在上层活动。（摄影/巫红霏）

夜晚的湖泊

夜晚来临，水蚤下沉到水底，日行性动物躲在石头下、水草间休息，将栖息地让给夜行性动物。由于黑暗掩盖了猎物的身影，夜间活动的动物通常有犀利的视觉、灵敏的嗅觉和敏锐的听觉。

青蛙、蛇等夜行动物的瞳孔很大，可让更多的光线进入眼中，可以在微光中找寻猎物；河狸、浣熊等哺乳动物，以及夜鹭、黄鱼鸮等夜行鸟类，眼睛里有反光层，视网膜的感光细胞也比较

鸭嘴兽是一种夜行性动物，眼睛小、视力差，主要靠喙上的感觉细胞在底泥中寻找小鱼、小虾。（图片提供/达志影像）

多，因此只需要少许的光线，就能看清周围的环境。

除了视觉，河狸还可以靠水流声音来决定筑巢的位置；蝙蝠可利用回音定位判断水中鱼类的位置；浣熊敏锐的触觉，让它能摸黑捕捉石缝间的鱼；水鼬及夜行性鱼类则利用嘴边的触须寻找猎物。

蝙蝠是夜行性动物，它的回音定位系统甚至能侦测水面的动静，捕食湖中跃出水面的鱼类。（图片提供/达志影像）

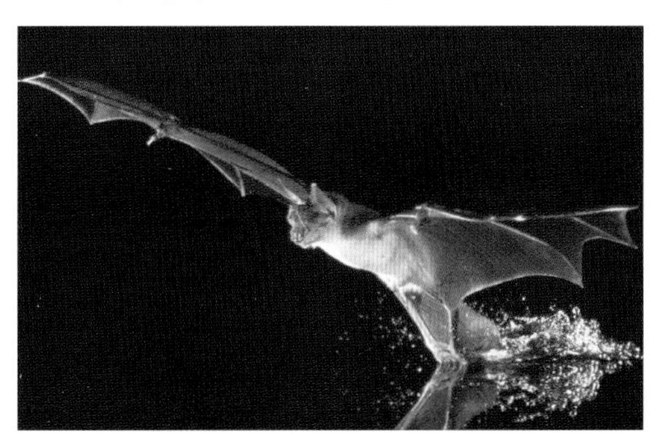

右图：青蛙有着大大的眼睛，靠视力在夜间活动，对运动中的影像很敏感，是夜里捕捉飞虫的高手。（图片提供/达志影像）

夏夜的舞者——萤火虫

在水边成长的萤火虫属于鞘翅目昆虫，一生历经卵、幼虫、蛹、成虫的阶段。大部分种类为一年一代，幼虫期可能长达10个月，成虫只有短短3个星期。有些种类的幼虫生活在陆地上，以蜗牛、蚯蚓为食；有些种类的幼虫生活在水中，以螺贝类为食；有些则是半水生。

萤火虫的腹部有发光器，借由酶的作用产生亮光，所以萤火虫的亮光是不烫的。萤火虫不但成虫会发光，幼虫也会发光。发光好像萤火虫的语言，每种萤火虫发光的颜色和频率都不相同。它们利用光在夜晚寻找配偶，此外有些还有引诱、警戒、照明、伪装等功能。

部分萤火虫的幼虫在水中生长，因此成虫便聚在水边求偶，它们在夜晚发出萤光，作为求偶信号。（图片提供/达志影像）

单元8

湖泊的四季

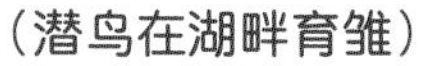
（潜鸟在湖畔育雏）

温带典型湖泊的四季分明，春天动物们求偶繁殖；新生的小宝宝在夏天成长，但大多来不及长大就成了其他动物的食物；秋冬寒冷的水温，又促使动物离开。

热闹的春夏

随着春天到来，在水温升高和日照越来越长的刺激下，冬季蛰伏的动物纷纷动了起来。由于水温上升，湖水形成对流，原本沉积在底部的养分被带到湖面，浮游藻类因此大量生长。由于食物充足，水中和湖畔的动物都开始忙着繁殖下一代。为了求偶，有些鱼类体色变为鲜艳的繁殖色，鸟类和蛙类发出响亮叫声，湖泊周围春意盎然。

春季是鸟类的繁殖季，生活在湖上的冠鸊鷉，这时也换上鲜艳的繁殖羽，衔着水草跳舞求偶。（图片提供/达志影像）

过不了多久，水中便充满了新生的螺贝类、虾蟹、蝌蚪、小鱼等，热闹极了。夏天日照充足，水生植物生长更为茂盛，成群的蝌蚪、昆虫幼虫吃着茂盛的水草，却可能被埋伏的水蛋、逡巡的鱼类捕食。水蛋和小鱼又是更大的鱼、鸟类、哺乳类的猎物。在经过层层的食物链之后，幸运存活下来的动物都逐渐长大成熟了。

早春时气温回暖，原本蛰伏的成蛙纷纷出现，在湖边求偶，并在水中产卵。卵在胶质保护下逐渐孵化，时间长短和水温有关，水温越高，卵的发育越快。

春夏之际，卵孵化成小蝌蚪。青蛙的蝌蚪有鳃，可吸收水中的溶氧。刚出生的小蝌蚪，以春夏季水中丰富的浮游动物为食。

变态时小蝌蚪先长出后脚，再长出前脚，准备变态成青蛙。

进入秋天之前，大部分的蝌蚪都变态成青蛙，离开水中。小青蛙在水边觅食，渐渐长为成蛙。

从林蛙的生长就可以了解湖泊四季的变化。（插画/萧玉君）

寒冷的秋冬

过了秋分，黑夜逐渐变得比白昼长，夜晚的气温逐渐下降，上层湖水温度先降低，较冷的湖水因密度升高而下沉，底部温暖的湖水则上升形成对流，带来的养分使藻类增加。动物把握冬季来临前的机会努力进食，其中许多动物已经准备离开了。蝌蚪在这时已长出四肢，随时准备上岸；许多水生昆虫也羽化为成虫，纷纷离开水中。在高纬度湖边繁殖的候鸟，带着新生的成员迁移到更温暖的地方；而在低纬度的湖畔，则等着冬候鸟来此过冬。

狗鱼生活在欧洲的湖泊和河川，其繁殖行为和水温有关。（图片提供/达志影像）

雄鱼1—2岁性成熟；雌鱼则在2—4岁成熟。

精子

卵

大约4月时，成熟的鱼到水草丰富的地方产卵。

在水温适合时，卵2周便孵化了。

前6—10天，仔鱼以卵黄囊中的养分为生。

仔鱼以浮游动物和昆虫幼虫为食。

冬天温度下降，湖边植物干枯，高纬度的湖面还会结冰，哺乳动物的巢穴不再隐秘，鸟的栖息地也减少了。水中的鱼虾有的躲在湖底枯叶下，有的则钻入底泥里；青蛙、蛇及乌龟早离开水边，躲在附近的泥土或洞穴中；一年生的昆虫无法度过严冬，便以卵或蛹等待春天的到来。

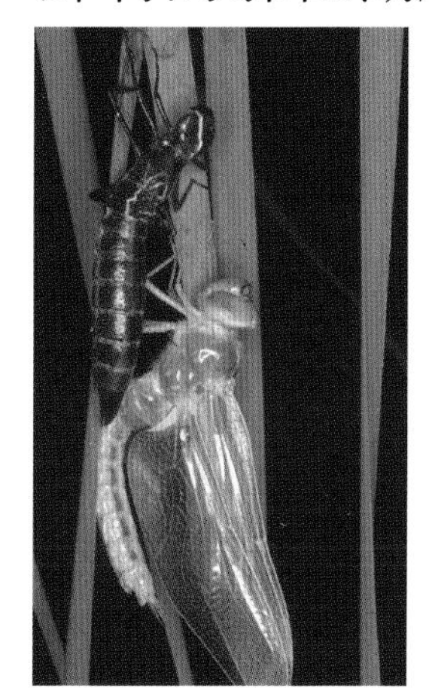

蜻蜓通常在夜晚水边的植物上羽化，等到白天身体变硬后，才能开始飞行。（图片提供/达志影像）

鱼类的休眠

季节性的气候变化不但影响动物的生理，也会影响食物来源，因此，有些温带地区的鱼利用冬眠抵御严寒，热带鱼类则以夏眠度过酷暑。

赤道地区的夏季为干季，许多沼泽干涸，攀鲈、乌鳢、泥鳅、肺鱼等具有呼吸器的鱼类呈麻木状态，埋在泥中度过夏天，直到雨季来临。少数鱼类在冬天温度下降时会进入冬眠状态，停止摄食，躲藏在岩石间泥底，呼吸迟钝。无论冬眠或夏眠，在休眠期间，鱼类代谢活动明显降低，呼吸心跳都减缓，直到醒来之后，生理才恢复正常。

夏季池水干涸时，澳洲肺鱼进入休眠状态，冬季在水中则以鳃和肺呼吸。（图片提供/达志影像）

单元9

溪流的动物

（湍急的上游，摄影/巫红霏）

源自山区的溪流，水源是融化的积雪或山区的降雨。上游水质清净，生产者难以滋生，动物以两岸枯枝落叶的碎屑为食；中、下游水中养分充足，却易有严重的污染问题。

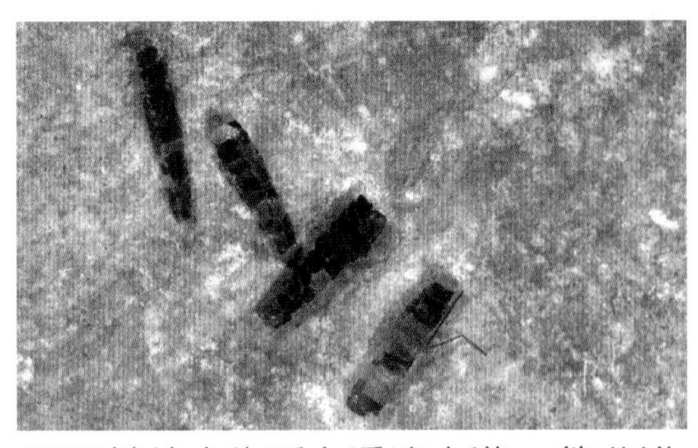
石蚕蛾幼虫生活在溪流上游，能分泌丝液将枯枝和碎石黏合成巢，并固定在大石头上。（图片提供/达志影像）

溪流上游

溪流的上游多位于高海拔山区，水流湍急、溶氧量高、水温低，加上河底有大石块，最适合耐寒且不被水流冲走的动物。

溪哥、苦花等善于游泳的鱼类，具有细长流线的体形，以降低水中的阻力，游累时，还能躲到大石头下休息，而鳟鱼不但外形流线，还有充足的皮下脂肪可以保暖。至于不善游泳的虾虎鱼、平鳍鳅等，则有特化的胸鳍或腹鳍，能像吸盘吸附在石头上。

翻开水中的小石头，可以看到许多水生昆虫的幼虫，如蜉蝣、石蛉、石蝇、扁泥虫等。有些身体扁平，可栖息于石块下方；有些则能吐丝附着在石头上。在水流较平缓处，螺类及涡虫靠着分泌的黏液增加附着力。

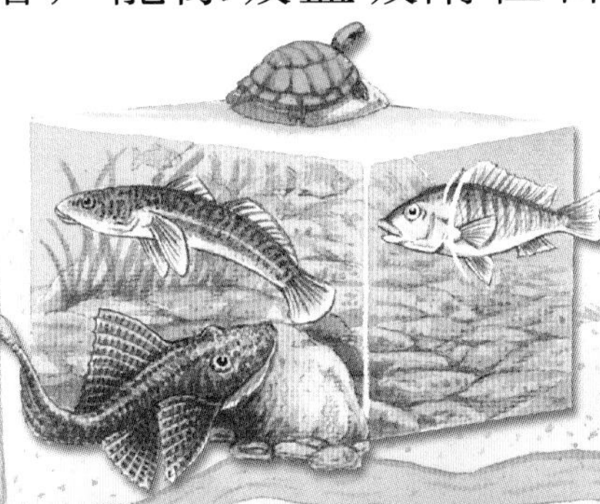
下游水域受到污染，许多原生动物难以生存，巴西乌龟、琵琶鼠、鳢鱼、罗非鱼反而成为优势动物。

上游水质清澈，生长着樱花钩吻鲑、香鱼、苦花、粗首鱲和水生昆虫。

中游有许多善于游泳的鱼类，如马口鱼、石鮠。

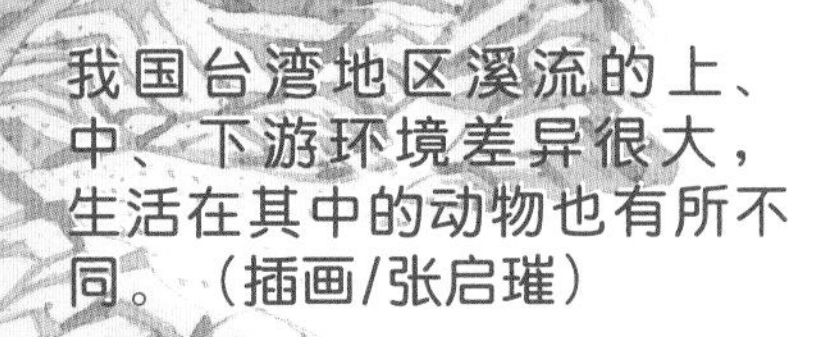
我国台湾地区溪流的上、中、下游环境差异很大，生活在其中的动物也有所不同。（插画/张启璀）

溪流中下游

溪流出了山区，流到较平缓的平原，这时流速变慢，由上游累积的养分沉淀下来，加上水温上升，动物种类也变多了。

由两岸陆地和小沟渠注入溪流的水中，含有大量氮、磷等成分，使水草生长更茂盛，可供鱼、虾、水生昆虫、螺类等栖息。在水流平缓的地方，生物的组成与湖泊十分相似，此处的鱼类体形变得较胖，鳞片也变得较粗，如鲫鱼、罗汉鱼等。

越接近溪流的下游，原本以石块为主的底质逐渐被细泥取代，在泥质河底生长着贝类、水蛭等。随着河面越来越广、流速缓慢，水中溶氧量变低，河中有鲤鱼、泥鳅等耐低溶氧的鱼类，但受到人为干扰严重的河段，只能见到耐污染的罗非鱼、琵琶鼠等鱼类，还有以腐殖质为食的红虫、摇蚊幼虫等。

虾虎鱼圆柱状的身体适合溪流生活，它可贴在大石头上，朝上的眼睛便于观察环境。（图片提供/达志影像）

指标生物

采集指标生物时，调查人员搅动网子前方溪床的砂石，让藏身其中的生物顺水流进入网子。（图片提供/达志影像）

河川水质对于生活在其中的生物非常重要，有的动物一定要生活在干净无污染的溪流，有的则不受污染影响。其中有一些特定的生物，只能生活在某类特殊的环境，因此只要看到它，就可以知道当地的环境。例如水中发现扁泥虫，就可以知道这是一条清净的河川，没有毒性物质，溶氧量约1—2ppm，水流速约每秒1米。

为了了解污染程度，一般将河川污染分为未(稍)受污染、轻度污染、中度污染、严重污染，其指标生物列于下表：

	鱼类	底栖性无脊椎动物
未(稍)受污染	樱花钩吻鲑、石鳔、台湾樱口鳅	泽蟹、石蝇、长须石蚕、流石蚕、网蚊、扁蜉蝣
轻度污染	台湾马口鱼、脂鲃、平颔鱲、粗首鱲	缟石蚕、蜻蛉、扁泥虫、双尾小蜉蝣、石蛉
中度污染	大眼华鳊、短吻镰柄鱼、鲤鱼、鲫鱼	水蛭、锥螺、姬蜉蝣
严重污染	泥鳅、罗非鱼、大眼海鲢、泰国鳢鱼、大鳞鲻、琵琶鼠	红虫、管尾虫（鼠尾蛆）、颤蚓

下游污染的水中，只有少数耐污染的鱼种能够存活，在我国台湾地区大多数河川的下游，罗非鱼是最优势的鱼种。（图片提供/达志影像）

（非洲大河中的河马）

单元10

大河的动物

大河蜿蜒数千千米，河面宽广，流域涵盖面积大，主流和众多支流形成复杂的河流体系，让大型动物可以悠游其中。

原始的大鱼

由于大河带来源源不绝的水和养分，大河畔自古就是人类居住活动的重心，因此许多河川受到严重的污染，至今只有在非洲、南美洲等地的大河，还能见到丰富的动物相。

大河的水域辽阔，环境多变，不同河段、支流和时节，各有不同种的鱼。大河的上游是许多洄游鱼类的家乡，每到秋天，许多鲑鱼返回产卵地繁殖。到了中游，河道宽广，空间与食物充足，可以发现古老而巨大的鱼类，像是鲟鱼、鳇鱼、骨舌鱼（如亚马孙河的象鱼和银带）等。这些鱼类的祖先可能在远古时期就进入了大河，因水域环境较稳定，使它们能保持原始样貌。

中华鲟体重近千公斤，因而有“长江鱼王”之称，出现在地球的时间超过1.4亿年，近来因污染使族群量减少。图为中华鲟的放流活动。（图片提供/达志影像）

有些大河的中、下游，水中常夹带大量泥沙，十分浑浊，水中的能见度变得很低。因此生活在其中的鱼类眼睛退化、变小，有些以触须感测周围环境；有的可以发出电流，在身体周围形成电场，当靠近其他物体时，周围的电场便会发生改变，这些鱼便可利用电场来导航。大河中还有生活在淡水的海豚——江豚，可利用回音定位系统，在浑浊的河水里追捕猎物。

象鼻鱼分布在非洲河流中，尾部可发射微弱的电流，再由下颌延长而成的“鼻子”感测反射电流。（摄影/巫红霏）

同样生活在河中的河马、鳄鱼、青蛙，为了呼吸空气和观察水面上的环境，趋同进化出眼鼻向上的外形。（插画/张文采）

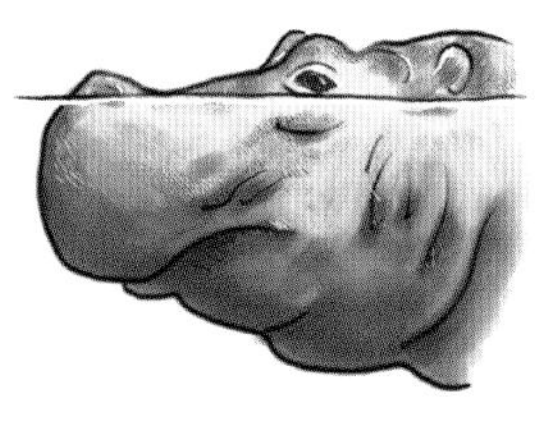

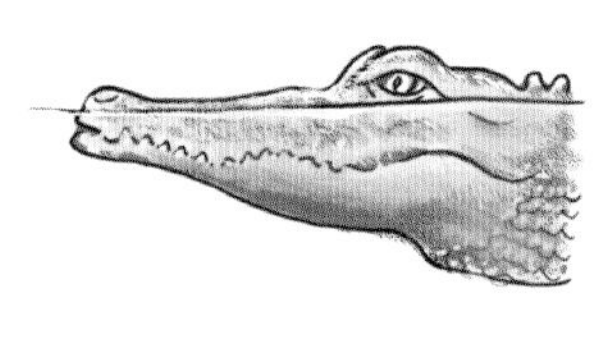

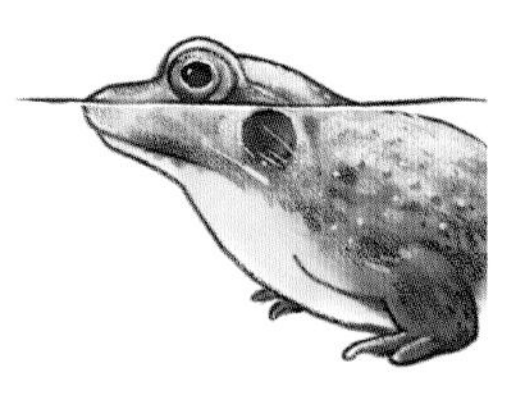

河边的大动物

在大河边，有许多引人注目的哺乳动物和爬行类。其中草食性哺乳动物，在南美洲有巨水鼠、在非洲有河马等，它们取食水边的禾本科植物，再将粪便排入河中。这些富含未消化植物组织的粪便，是鱼类的食物来源。埋伏一旁的鳄、蟒等掠食动物，则以鱼类及哺乳类为食，形成大河的食物链。

这些动物时常将身体浸泡在水里，只留眼睛、鼻孔露出水面，多半善于游泳和潜水，有特殊构造可防止水进入鼻孔和耳朵。它们的肺可吸满空气，增加浮力，有的趾间有蹼，有些四肢特化成鳍状，甚至有扁平的尾巴作为推进器。

鱼类的感觉

在浑浊的河水中生活，鱼类的视力范围只有身体周围的环境，因此不能光靠视觉觅食，那么鱼类还有哪些感觉呢？

大部分鱼类的鼻孔构造非常简单，只是一种嗅觉器官，能够闻到水中溶解物的气味。（摄影/巫红霏）

听觉：鱼类没有耳朵，而是靠体侧的侧线来“听”水中的环境变化。侧线里面有感觉神经，对于水流、水压、振动非常敏感，能将外界变化传到脑部，一旦“听”到昆虫落水，鱼就能闻声赶到。

嗅觉：在鱼类嘴巴上方的凹洞就是鼻孔，与嘴不相通，不能用来呼吸，只负责嗅觉，也是鱼类觅食的重要感官。

味觉：鱼类对于味觉很灵敏，是决定是否将口中食物吞下的关键。除了嘴巴，有些鱼的皮肤、触须也有味觉的功能。

生活在亚马孙河流域的江豚，是较原始的海洋哺乳动物，在雨林浑浊的河水中，江豚可以利用回音定位来捕食。（图片提供/达志影像）

单元11

河口的生物

（淡水河口，摄影/巫红霏）

在河口生活的生物必须面对许多环境适应的难题，包括涨退潮间水中盐度的变化，有水与无水时阳光曝晒造成的温度变化，以及缺少淡水等，所以能够在这里生存的生物种类不多。

红树林植物的根由泥滩向上生长。（摄影/巫红霏）

河口生物的适应

海水涨退之间，为河口带来许多矿物质，河水携带的营养物质也在这里沉积，可说是营养充足的环境，少数适应环境的种类在这里大量繁殖。物种少、数量多是河口生物的主要特色。

河口生长的植物必须耐高盐，并要解决海水淹没时根部无法呼吸的问题。热带地区的红树林植物叶片肥厚，并有由泥滩向上生长的根来呼吸。至于生活在这里的动物，除了要适应盐度的变化，还要能以各种行为来适应环境的改变。

涨潮与退潮

涨潮时，海洋鱼类随着海水游进河口觅食，水淹盖了两岸的泥地，招潮蟹等躲入洞穴躲避天敌，附着于树干上的玉黍螺随着涨潮向上爬行，藤壶则伸出触手滤食水中的碎屑。退潮时，藤壶缩入壳中以度过干旱的期间，玉黍螺向下爬到水中，因为它排泄时必须进入水中；

红树林是热带河口区的特殊植物。涨潮时，海水淹没根部和下方的枝干，许多海鱼也跟着进入红树林。（图片提供/达志影像）

螃蟹、弹涂鱼则纷纷出来觅食。

由于螃蟹、弹涂鱼的鳃室存有水分，即使离开水面，仍能靠鳃呼吸，但不能离水太久，螃蟹必须定时回洞穴补充水分，弹涂鱼则经常要浸泡在水潭中。

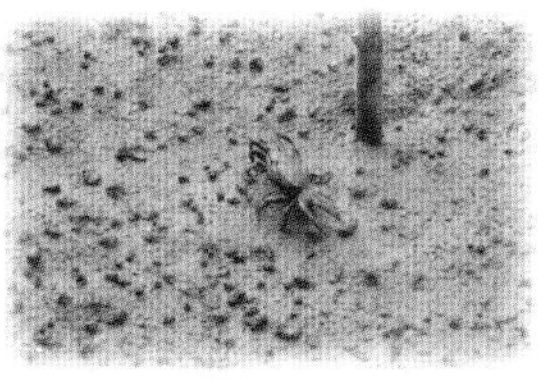
退潮时，招潮蟹从洞穴中爬出，以小螯足捡食富含有机质的泥块，滤食后留下许多泥球。（图片提供/达志影像）

河口食物网

生长于泥滩地的红树林植物，以及水中的浮游藻类，是河口主要的生产者。泥滩地里有许多蠕虫、沙蚕等生物，可将落叶分解为小碎屑；螃蟹以螯足夹取淤泥，滤食其中的有机碎屑，再将剩下的泥沙集中形成拟粪。

弹涂鱼利用胸鳍在泥地前进，口部有如吸尘器能吸取碎屑，它也能攀爬到树枝上捕食昆虫。贝类、藤壶在涨潮时滤食碎屑。植物碎屑与小动物的幼体成为外海鱼苗重要的食物。螃蟹、贝类、小鱼也吸引水鸟来此觅食，形成复杂的食物网。

弹涂鱼是河口最常见的鱼种，以湿润的皮肤和鳃室中的水分呼吸，喜欢离水活动，涨潮时利用鳍爬到树干上。（图片提供/达志影像）

仔稚鱼集中地

当河水流到出海口附近，由于淡水与海水汇集，盐分上升，使得水的溶解度下降，许多营养物质便沉入底泥，或悬浮在水体中。河口地区的水中含有丰富的有机物和无机物，供浮游生物大量生长，因此成为各种仔稚鱼觅食成长的重要场所。不论是海洋沿岸鱼类、河口鱼类，或河海洄游的鱼类，大多以河口作为仔稚鱼的哺育场。

这些仔稚鱼有些可以成长为大鱼，有些则成为其他大鱼的食物，若河口地区因为污染或过度捕捞，导致仔稚鱼的数量减少，将对邻近区域的渔业资源有很大的影响。

河口是河海鱼类重要的繁殖场，渔船在此捕捞聚集的仔稚鱼。（图片提供/达志影像）

河口的动物种类少、数量多，为提高捕食的效率，这里的鸟类常进化出特殊的喙。图为秧鸡以尖喙捕捉螃蟹。（图片提供/达志影像）

单元12

河畔的动物

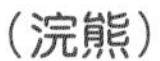

（浣熊）

河畔是鸟类、哺乳类的舞台，动物们来这里喝水，鹭鸶、浣熊则时常来这里觅食，水獭、河乌、鱼狗就住在这里。

溪河鸟类

溪河鸟类在溪边筑巢，在水中觅食，生活与溪流息息相关，也非常适应溪流的环境。它们的歌声简单、声音不大，却清晰而高亢，嘈杂湍急的水流声也无法掩盖；脚爪强而有力，即使在激流中涉水，也不怕被水冲走。它们是以鱼、虾、蟹、蛙类或溪边植物为食。

铅色水鸫是典型的溪河鸟类，叫声清亮，在嘈杂的河流边也能够传到远方。

由于溪流的食物不多，溪鸟有明显的势力范围，对于入侵者会毫不留情地驱逐，也常为势力范围而争执。它们通常有固定的配偶，共同养育后代，像河乌、铅色水鸫等溪鸟选择在岩石缝隙或者岩块突起处筑巢，而鱼狗则是在溪畔的沙土或土堤挖洞筑巢。

河边的哺乳类

河边常见的哺乳类包括食肉目的欧洲水貂、欧亚水獭，以及啮齿目的南美洲水鼠、北美河狸等。这些动物非常适

河乌站在急流中的大石上，准备下水觅食。它会在溪边筑巢，以便捕食，喂养雏鸟。（摄影/薛光雄）

应水中生活，善于游泳和潜水。有些种类的鼻孔、耳朵有活瓣，可在潜水时关闭，防止水进入；有些身上的毛又密又厚、富含油脂，游泳时也不会沾湿；有些后脚有蹼，让它们易于打水前进，扁平的尾巴则可当成方向舵。

有些哺乳动物会在河边土坡挖洞筑巢，为了安全，出入口多位于水面下，上方还有杂草掩蔽。北美河狸在河中筑巢，它有强壮的门牙，能迅速咬断树干，并分成小段，作为筑巢材料。它用泥土、草和树枝筑坝拦阻河流，在水潭中央以泥土、树枝筑巢，巢穴出入口在水面下，以防止天敌进入，巢穴内有高出水面的平台，作为休息场所。水位升高时，河狸还可借由水坝放水口来调节水位。

巨水鼠原产于南美洲，喜欢在河边活动，经养殖传到欧洲，在欧洲地区建立大量的野生族群。（图片提供/达志影像）

岸边的脚印

在气候干燥的时候，许多动物为了补充水分，纷纷来到河边喝水，这里也成为许多掠食者等待猎物的地方。为了躲避掠食者，许多动物选择在夜晚来到河边，虽然人们不容易看到这些动物，但从河岸泥沙上留下的脚印，就可知道有哪些动物来过。

偶蹄类的山羊、水鹿等，在水边留下两排成对的脚印；食肉目的动物有肉质的脚掌，在泥地上留下浅浅脚印，脚掌的大小和爪子是判断动物种类的方法；至于鸟类特有的细长脚趾，在泥滩上也很容易分辨。

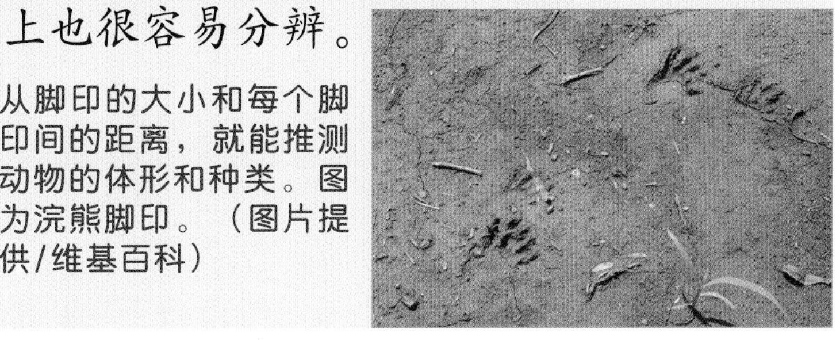
从脚印的大小和每个脚印间的距离，就能推测动物的体形和种类。图为浣熊脚印。（图片提供/维基百科）

欧洲水貂居住在溪边洞穴或岩缝间，奔跑和游泳的速度快，能够潜水，浓密的毛皮在潜水时可防止水渗入。（图片提供/达志影像）

河狸是啮齿目动物，门牙可咬断树枝，在水中筑巢。河狸趾间有蹼，尾巴扁平，在水中游泳非常灵活。（图片提供/达志影像）

单元13

河流的四季

（雨季的河流，摄影/巫红霏）

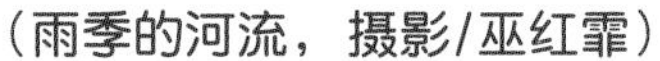

随着四季更替，河流水温变化不像陆地这么明显，但河水水量的变化却掌控着河流的生命乐章。

温带河流的四季

在欧洲、北美等纬度较高的地区，河流中的水主要来自高山的融雪，水量的变化不大，河中动物的生活，主要受到水温升降的影响。

春夏季时，气温回升，高山冰雪融化，为河流注入丰富的水源，而岸边野草和水中的水草冒出新芽，提供动物更多的栖息地。鱼、青蛙、昆虫等动物从蛰伏的地方醒来，开始忙着交配繁殖，新生的蝌蚪、小鱼、螺贝类、甲壳类等纷纷出现，水中繁盛的动物吸引鸟儿前来筑巢。

溪河的鱼类多半在春天气温上升时繁殖，有些成熟的雄鱼，在繁殖季会出现明显的婚姻色。（图片提供/达志影像）

鳗鱼是河海洄游的鱼类，秋天产下的鳗苗经过1年以上的漂流，在春夏时来到河口，并上溯到河中成长。图中的稚鳗在上溯时，爬过水库的水闸门。（图片提供/达志影像）

经过一个夏季的成长，许多鸟类、哺乳类在秋天准备离开河边。河中成熟的鳗鱼也开始游向大海，但原本生活在海中的鲑鱼却在这时上溯，准备在河流上游求偶繁殖。这时棕熊在河边捕捉准备产卵的鲑鱼，靠着富含热量的鲑鱼内脏，让它度过冬天。到了寒冷的冬天，不论是河中或河畔的动物，都开始准备离开或冬眠，只有少数鱼类能在寒冬中活动。

对棕熊来说，秋天洄游的鲑鱼是重要的营养来源，鲑鱼的数量会影响棕熊繁殖成功率。（图片提供/达志影像）

雨季与干季

除气温之外，溪流和河川动物受到水量的影响很大。由于气候与地形的关系，许多地区都有雨季和干季之分，季节性的降雨造成河川流量的变化。以亚马孙河为例，雨季与干季河面的高度可相差10米以上。

雨季时，河水源源不绝，许多鱼类、蛙、水生昆虫准备求偶繁殖，让下一代在水量稳定时安全成长。这时水中食物丰富，吸引鹭鸶、雁鸭和小型哺乳动物来觅食，或在河边筑巢繁殖。

到了干季，水量减少，有些河段甚至干涸，肺鱼、泥鳅等可蛰伏地下，度过无水的季节，河边的动物也纷纷离开。不过，非洲马拉河的干季却是热闹非凡，因为非洲的干季长，大部分河流和湖泊都干了，动物只好聚集在少数有水的大河边补充水分。

拜访河流

要到河边调查，最重要的是“安全”，季节性的暴雨常让河水暴涨，因此出发前一定要注意气象报告，也要避免去危险河段。到了河边，可以先拣50个石头，观察它们的形状、大小，是不是每一个都不同？拿片树叶放入水中当船，测量河水的流速，看看它1分钟会流多远？接下来观察河水的颜色，再闻闻河水的气味。

水深30厘米左右的浅滩最适合小生物生长。利用桶子将浅滩的石头搬上岸，放在浅盘中，仔细寻找石头上有哪些小虫，并依此判断河水的污染程度，做完记录后别忘了送它们回家。

立两根相距10米的标杆，测量树叶通过标杆的时间，就能算出水每秒的流速。（插画/施佳芬）

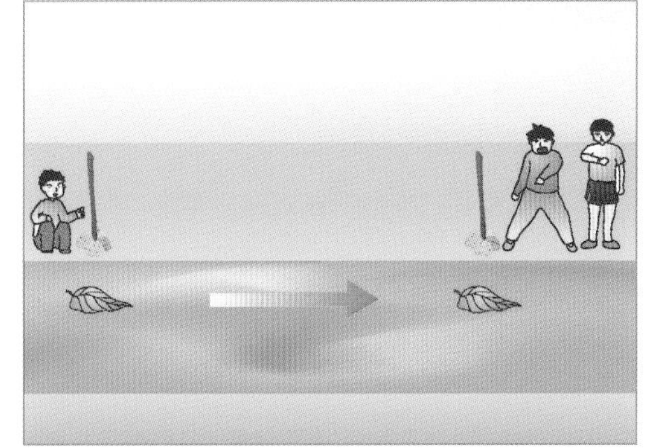

夏秋是南非地区的干季，但发源于高山的马拉河在此期间并不会断流，因此许多哺乳动物聚集在河边喝水。（图片提供/达志影像）

（图片提供/NASA）

单元14

淡水环境的变迁

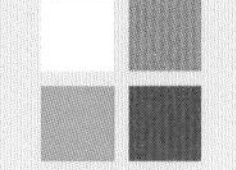

不论是自然淤积，还是人为的干扰，都让湖泊与河流的环境不断变化，生活在水中的动物也跟着改变。

自然的变迁

随着泥沙淤积，加上水生植物与湖畔植物的生长，湖泊面积会越来越小、水深也越来越浅，甚至逐渐转变为沼泽，最后成为陆地的一部分，这是湖泊自然演替的过程，因此所有的湖泊都会或快或慢地走向消失。

美国的Oahe湖是阻截密苏里河水形成的，为美国第4大蓄水湖，水坝改变了当地的水文环境。近年来水库因为淤积（下图），蓄水量不断减少。（图片提供/NASA）

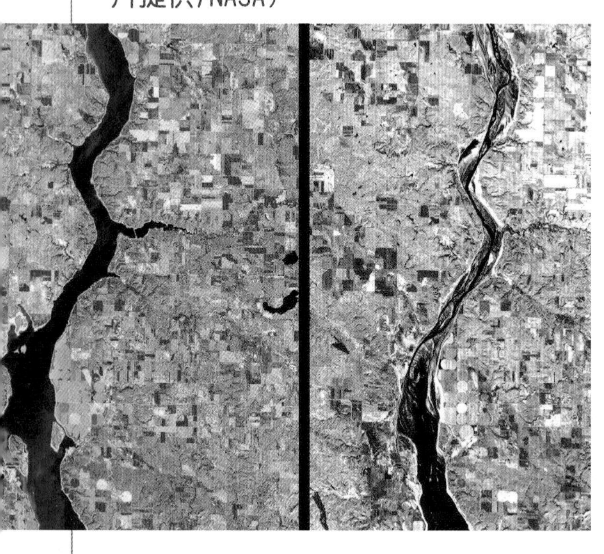

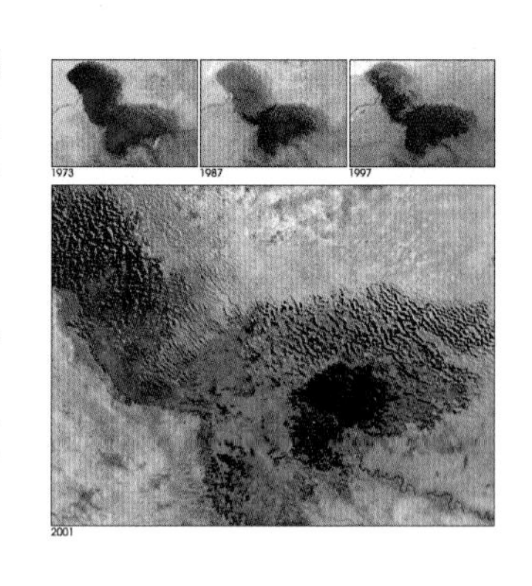

非洲的查德湖原本是全世界第6大淡水湖，但在雨量减少、土地沙漠化的影响之下，在30多年之间已经只剩原来的1/10。（图片提供/NASA）

河流也有明显的自然变迁。河水会不断切割地表，上游的泥沙便被带到下游堆积起来，河流因而淤积，当洪水爆发就迫使河流改道，河中的动物也因此改变。

引进的外来物种常造成原生物种的浩劫。图中的巴西龟占据了许多地区原生乌龟的栖息地。（摄影/巫红霏）

人为的改变

除了自然的变化外，人为的滥捕、引进外来物种、污染、栖息地的破坏等，对淡水生态的影响更大。

淡水是日常生活重要的资源，为了取得淡水，人们沿河道修筑水库，并兴建拦沙坝减少淤积，这些工程使得洄游鱼类无法上溯至产卵地繁衍，上游鱼类也因栖息地被切割成很多不连续的小栖息地，只能近亲交配，造成族群衰退。水库使流动的河流变成静止的湖泊，环境特性改变，鱼类的组成也跟着改变。此外，水库造成中下游水量减少，栖息的动物因此大为减少。

由于河流与湖泊通常位于低洼处，汇集了邻近陆地的水源，包括农药和肥料、家庭和工业废水等，使得水质受到污染。其中工业废水中的重金属和不易分解的戴奥辛等，会累积在动物的脂肪内，随着食物链层层上传，越高级的消费者累积的毒素越多，受害越深。

此外，人们由外地引进水生动物饲养，若这些动物适应本土环境，加上繁殖力强、缺乏天敌，便会大量繁殖，甚至危害原生动物。如凶猛的鳄龟会大量捕食水中的鱼类，牛蛙常将原生蛙类的蝌蚪吃掉，巴西龟占据原生乌龟的栖息地，有些还可能带来新的疾病，造成原生动物的灭亡。虽然人类企图用药物消灭外来物种，却也常使原生物种遭受池鱼之殃。

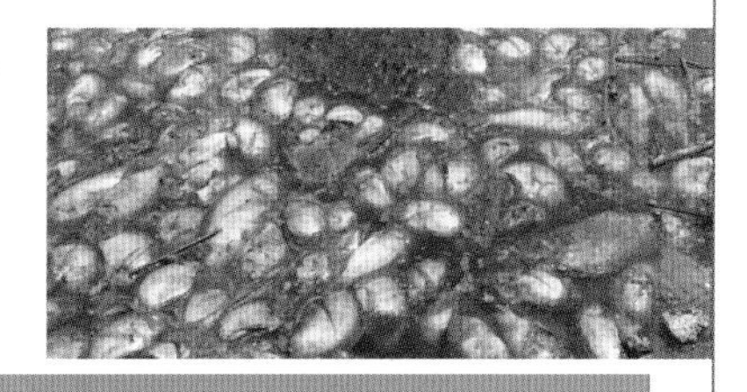
有毒的工业废水排入河川，常造成大批鱼类集体死亡。（图片提供/达志影像）

生态工法

随着人口增加，人类不断开发土地，并大规模整治溪流，兴建堤防、拦沙坝、水库等，这些虽然保障人类生活的安全，但对水中生物却是一场浩劫。现在，许多国家采用符合自然法则的生态工法，来维护河川生态，让人类与自然同存。

进行生态工法的工程时，会舍弃不透水的水泥，使用原木、砾石、蛇笼等材料在溪畔堆叠，形成堤防，或以大小石块铺成河谷，这些缝隙可以成为小动物生长的温床。至于拦阻水流的水坝旁，要设计不同的鱼道、鱼梯、鱼用水门、涵管等，让各种洄游鱼类通过。河岸上种植当地原生植物，不但绿化河道，也让水鸟有栖息躲藏的地方。

石砌的河岸能提供藻类附着、水生动物躲藏的环境，是一种兼顾生态的工法。（摄影/巫红霏）

水坝是河川中大型的建筑，虽然方便人们利用水资源，但却让生物的栖息环境改变，洄游鱼类难以迁移。（图片提供/达志影像）

英语关键词

池塘 pond

湖泊 lake

潭 deep pool

沼 marsh

水库 reservoir

贫养湖 oligotrophic lake

溪 stream

河流 river

河口 estuary

洪水 flood

干旱 drought

涨潮 flood-tide

退潮 ebb-tide

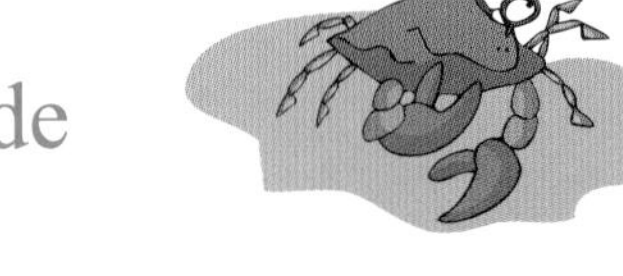

盐度 salinity

红树林 mangrove

食物链 food chain

浮游植物 phytoplankton

浮游动物 zooplankton

螺 snail/spiral shell

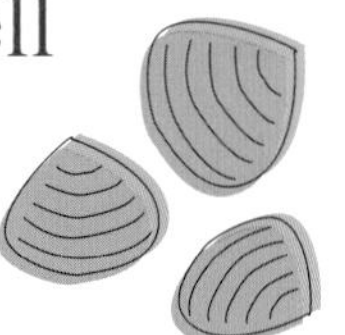

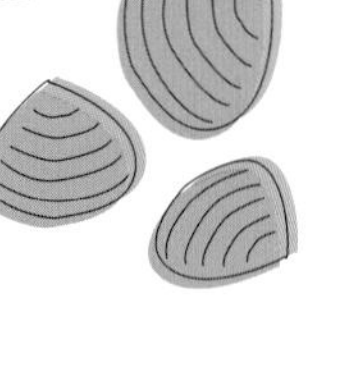

贝类 shellfish

水蚤 water flea

招潮蟹 fiddler crab

水虿 dragonfly larvae

豆娘 damselfly

蜻蜓 dragonfly

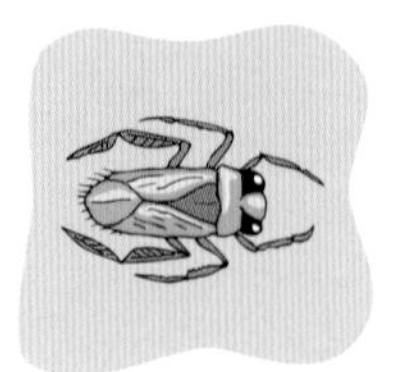

水黾 pond skater

蜉蝣 mayfly

鲤鱼 carp

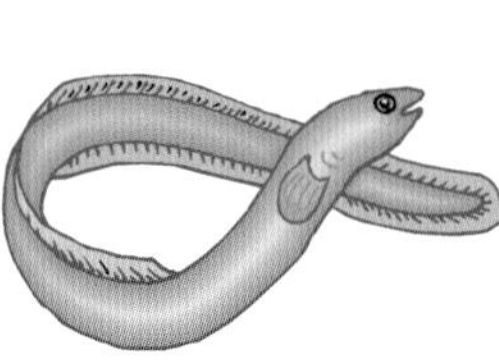

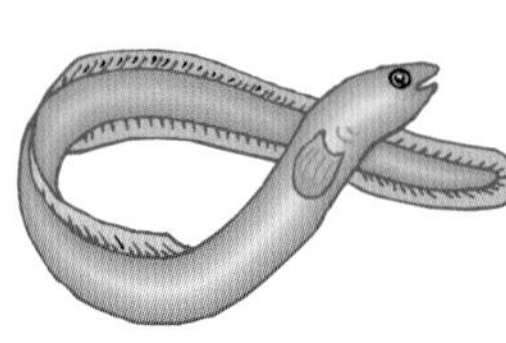

鳗鱼 eel

金鱼 goldfish

弹涂鱼 mudskipper

鲑鱼 salmon

泥鳅 loach

鲶鱼 catfish

肺鱼 lungfish

蛙 frog

蝾螈 salamander

蝌蚪 tadpole

鳄鱼 crocodile

水鸟 waterfowl

鹭鸶 egret

红冠水鸡 common moorhen

秧鸡 rail

鸭 duck

雁、鹅 goose

小鸊鷉 little grebe

鱼狗 kingfisher

水雉 jacana

江豚 river dolphin

海牛 sea cow

河马 hippo

水獭 otter

河狸 beaver

浣熊 racoon

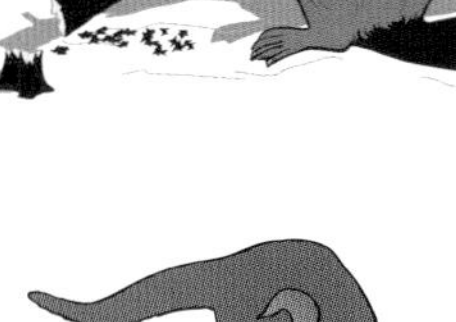

貂 marten

巨水鼠 capybara/coypu

鳃 gill

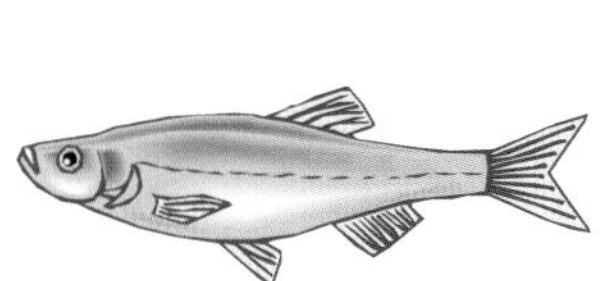

鳍 fin

侧线 lateral line

触须 cirrus

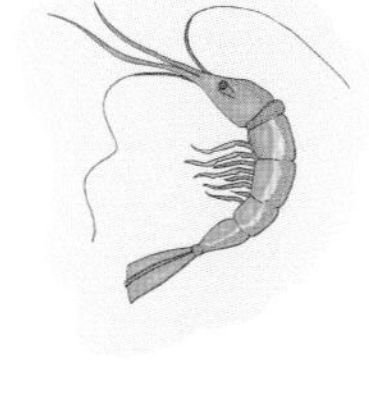

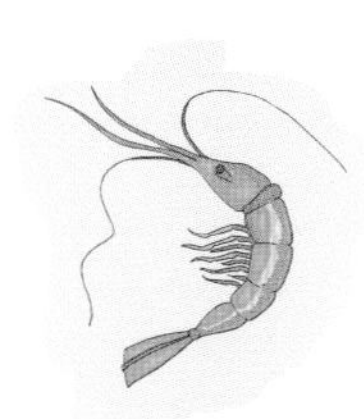

蹼 web

污染 pollution

外来物种 alien species

生态工法 ecological engineering

水体富营养化 eutrophication

新视野学习单

1 关于湖泊和溪河等淡水生态系统，以下的描述哪些是对的?

（　）淡水是指水中含有盐分的水。

（　）湖泊主要的生产者是浮游藻类。

（　）溪河的上游营养丰富，所以生物种类很多。

（　）以鱼类为食的鱼鹰是初级消费者。

（答案在第06—07页）

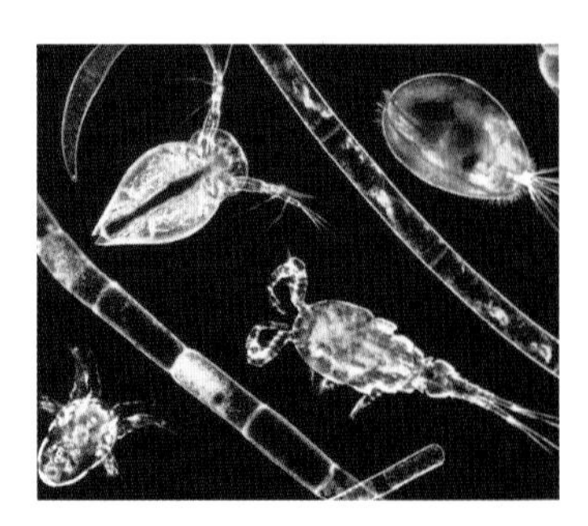

2 下列水生动物如何获得氧气，请在空格中写入正确的呼吸构造和所在部位。

1.泥鳅利用位于________的________呼吸

2.蝌蚪利用位于________的________呼吸

3.孑孓利用位于________的________呼吸

4.田螺利用位于________的________呼吸

5.螃蟹利用位于________的________呼吸

（答案在第08—09页）

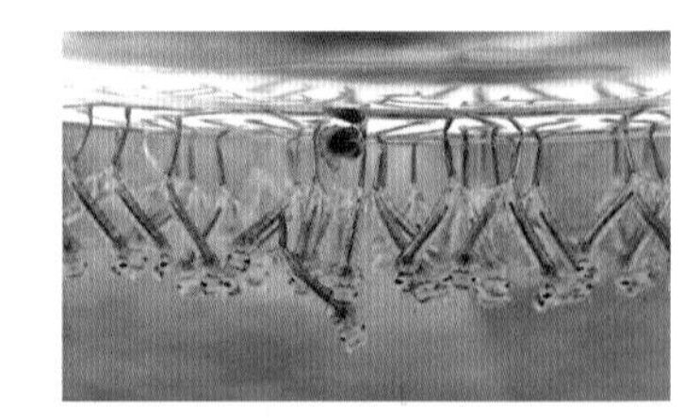

3 连连看，请将下列不同食性鱼类及形态特性连在一起。

吃水面昆虫的射水鱼・　　・咽骨发达

以水底螺贝类为食的鲤鱼・　　・鳃耙密又长

以浮游生物为食的鲢鱼・　　・下颔较长

以其他鱼类为食的鲈鱼・　　・口如吸盘

以附着性藻类为食的琵琶鼠・　　・尾鳍新月形

（答案在第10—15页）

4 为了繁殖和觅食，生活在湖畔的鸟类有哪些特别的适应方法，请选出正确的。

（　）红冠水鸡利用宽大的脚掌在柔软的湿地活动。

（　）水雉的雌鸟为了育雏，体色暗淡，与湖畔环境颜色相近。

（　）雁鸭的幼鸟一出生就能够游泳。

（　）天鹅的脚位于身体后方，适于潜水捕捉小鱼。

（答案在第16—17页）

5 夜晚的池塘有哪些动物活动? 正确的画○，错误的画×。

（　）鱼狗停栖在树枝上觅食。

（　）萤火虫利用萤光闪烁，寻觅配偶。

（　）蛇瞳孔放大，并利用舌信上的感觉器官捕食青蛙。

（　）水蚤在水面滤食浮游藻类。

（答案在第18—19页）

6 水生昆虫、螺贝类等无脊椎动物是水域食物链重要的一环，请依照下列特性各举一种无脊椎动物。

________利用齿舌刮食水草。
________利用细针状口器吸食猎物体液。
________幼虫期在水中度过，成虫可在天空飞翔。
________利用螯足撕裂食物，再咬碎吞下。
________未受污染河川的指标生物。

（答案在第10—11、14—15、22—23页）

7 下列现象会在什么季节出现?

春季填1、夏季填2、秋季填3、冬季填4。

（ ）肺鱼休眠以度过干旱。
（ ）水中浮游生物大量增加，还有许多新生的小动物。
（ ）鲑鱼由海洋溯溪而上，返回出生地产卵。
（ ）蛇、青蛙躲藏起来，停止活动。
（ ）生活于高纬度地区的雁鸭往南迁徙。

（答案在第20—21、30—31页）

8 下列是溪流与河川动物的叙述，对的画○，错的画×。

（ ）生活于溪流上游的平鳍鳅，利用胸鳍、腹鳍吸附于石头上。
（ ）下游肥料增加，藻类大量生长，鱼种类因食物增加而变多。
（ ）在大河中有许多原始且体形很大的鱼类。
（ ）河口地区的生物种类繁多、数量少。
（ ）河口是仔稚鱼成长的地方，一旦遭破坏对渔业影响很大。

（答案在第22—27页）

9 连连看，请将河边栖息的动物与它们的特性连在一起。

河狸·	·脚爪强而有力，可在激流中涉水前进。
河乌·	·在水边土坡挖洞筑巢，出入口位于水面下。
水獭·	·拦阻河道兴建水坝。
河马·	·排泄物富含植物组织，成为鱼类的食物。
水鼠·	·毛发密，且有油脂，在水中也不沾湿身体。

（答案在第28—29页）

10 下列哪些会使水域生物种类减少，是的请打✓。

（ ）兴建水库。
（ ）将工业废水排入河川。
（ ）利用原木、砾石堆叠形成堤防。
（ ）水坝旁兴建鱼道。
（ ）从其他地方引进观赏鱼类。

（答案在第32—33页）

我想知道……

这里有30个有意思的问题，请你沿着格子前进，找出答案，你将会有意想不到的惊喜哦！

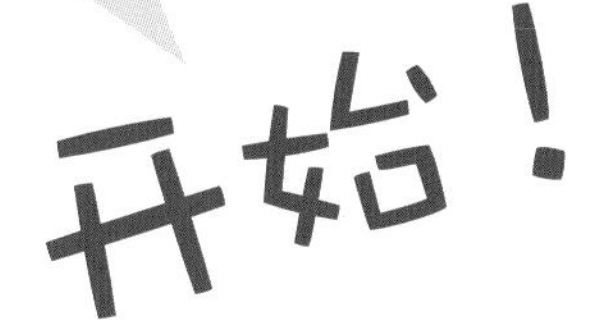

开始！

鱼如何用鳃呼吸？ P.08

哪种鱼能在地面行动？ P.09

孑孓在何呼吸

哪些鱼类可以在严重污染的水域中生存？ P.23

什么是指标生物？ P.23

为什么在亚马孙、长江有原始而巨大的鱼类？ P.24

太棒赢得金牌。

水体富营养化通常出现在溪流的哪一段？ P.23

河狸在水中筑巢时，水坝有什么功能？ P.29

建造水库对于河流中的动物有什么影响？ P.32

什么是生态工法？ P.33

石蚕蛾幼虫以什么方法避免被急流冲走？ P.22

水獭的鼻孔和耳朵有什么构造，能防止进水？ P.29

为什么河边的鸟类叫声都比较高亢？ P.28

颁发洲金

太厉害了，非洲金牌也是你的！

鱼会休眠吗？ P.21

萤火虫的闪光有什么用处？ P.19

为什么鱼狗的腹部是橙色的？ P.18

为什么类喜欢筑巢？

水中如
？
P.09

鱼会被淹死吗？
P.09

水黾在水面上如何捕捉猎物？
P.10

不错哦，你已前进5格。送你一块亚洲金牌！

蜻蜓产卵和豆娘产卵的方式有什么不同？
P.11

了，
美洲

鱼类的鼻孔有什么功能？
P.25

河口的红树林泡在海水时，根部如何呼吸空气？
P.26

剑水蚤用什么构造滤食？
P.12

太好了！
你是不是觉得：
Open a Book！
Open the World！

为什么河口动物的种类特别少？
P.26

什么是浮游动物？
P.12

大洋
牌。

弹涂鱼如何爬上树？
P.27

招潮蟹以什么为食？
P.27

金鱼是由哪种鱼培育而成的？
P.13

许多鸟
在湖边
P.16

哪类动物是湖中重要的清除者？
P.14

获得欧洲金牌一枚，请继续加油！

鲶鱼的须有什么功能？
P.14

图书在版编目（CIP）数据

湖泊溪河的动物：大字版 / 邱秀婷撰文．—北京：中国盲文出版社，2014.5

（新视野学习百科；22）

ISBN 978-7-5002-5029-6

Ⅰ．①湖… Ⅱ．①邱… Ⅲ．①动物—青少年读物 Ⅳ．①Q95-49

中国版本图书馆 CIP 数据核字（2014）第 059625 号

原出版者：暢談國際文化事業股份有限公司

著作权合同登记号 图字：01-2014-2147 号

湖泊溪河的动物

撰　　文：邱秀婷

审　　订：吕光洋

责任编辑：亢　淼　樊雅梦

出版发行：中国盲文出版社

社　　址：北京市西城区太平街甲 6 号

邮政编码：100050

印　　刷：北京盛通印刷股份有限公司

经　　销：新华书店

开　　本：889×1194 1/16

字　　数：33 千字

印　　张：2.5

版　　次：2014 年 12 月第 1 版　2014 年 12 月第 1 次印刷

书　　号：ISBN 978-7-5002-5029-6/Q · 14

定　　价：16.00 元

销售热线：（010）83190288 83190292